国家中等职业教育改革发展示范学校建设项目成果教材

办公软件应用

主 编 何 瑜

副主编 石海明

参 编 张语捷 彭凤英 罗翠翠 周 伟

机 械 工 业 出 版 社

本书遵循项目式教学理念，根据工作岗位的职业能力要求，整理出在办公室软件 Word 应用中有代表性的 7 个项目，包括制作申请报告、制作商场外墙广告及撰写租赁协议、制作公司迎春晚会节目单、制作公司文件、制作公司值班表、套打请款单和制作标书。本书强调实用性和操作性，内容编写以培养学生的职业能力为目标，将 Word 常用的功能由易到难、由简到繁地融合到各个项目中，突出项目制作的思维路径，以培养学生系统思维的习惯。书中的每个项目都有"项目需求""想一想""试一试""知识链接""比一比""项目小结""改一改""你可能遇到的困难""评一评"和"练一练"10 个板块，涵盖了项目式教学法的基本流程，便于教师开展教学。

本书可作为各类职业学校计算机应用专业和文秘专业的教材，也可以作为办公文员的参考用书。

本书配有教师授课电子课件，可登录机械工业出版社教材服务网 www.cmpedu.com 以教师身份免费注册并下载，或联系编辑（010-88379194）咨询。

图书在版编目（CIP）数据

办公软件应用 / 何瑜主编. —北京：机械工业
出版社，2015.3
国家中等职业教育改革发展示范学校建设项目成果教材
ISBN 978-7-111-49636-6

Ⅰ.①办… Ⅱ.①何… Ⅲ.①办公自动化－应用软件－
中等专业学校－教材 Ⅳ.①TP317.1

中国版本图书馆 CIP 数据核字（2015）第 049934 号

机械工业出版社（北京市百万庄大街 22 号　邮政编码 100037）
策划编辑：梁　伟　　责任编辑：李绍坤　陈瑞文
封面设计：陈　沛　　责任印制：刘　岚
责任校对：李　丹
北京鑫海金澳胶印有限公司印刷
2015 年 6 月第 1 版第 1 次印刷
184mm×260mm・4.75 印张・103 千字
001 — 800 册
标准书号：ISBN 978-7-111- 49636-6
定价：14.00 元

凡购本书，如有缺页、倒页、脱页，由本社发行部调换

电话服务　　　　　　　　　　　　　网络服务

服务咨询热线：（010）88379833　　机工官网：www.cmpbook.com

读者购书热线：（010）88379649　　机工官博：weibo. com/cmp1952

封面无防伪标均为盗版　　　　　教育服务网：www.cmpedu.com

金书网：www. golden-book.com

前　言

目前，人们使用 Word 软件办公已经非常普遍，学会 Word 软件的操作并掌握办公室自动化应用的常见工作流程已成为职业学校相关专业学生的基本工作能力要求。让职业学校学生掌握和使用 Word 办公软件，既能顺应信息化社会发展的需求，又能增强学生的就业竞争力。

本书依照项目式教学的理念，创设了一个在盛和商贸有限责任公司集团办公室工作的主人公小黎，通过小黎在工作中遇到的 7 个工作项目来展开学习。学生在实践完本书的各项活动后即可适应办公室中与 Word 软件操作相关的各种工作项目。

本书建议教学课时数为 60 学时，安排建议见下表。

项　目	教 学 内 容	学　时
项目 1	制作申请报告	6
项目 2	制作商场外墙广告及撰写租赁协议	6
项目 3	制作公司迎春晚会节目单	6
项目 4	制作公司文件	8
项目 5	制作公司值班表	6
项目 6	套打请款单	8
项目 7	制作标书	8
	机　　动	12
	合　　计	60

本书由何瑜任主编，石海明任副主编，参与编写的还有张语捷、彭凤英、罗翠翠和周伟。其中，何瑜编写了项目 1 和项目 6，石海明编写了项目 7，张语捷编写了项目 3，彭凤英编写了项目 5，罗翠翠编写了项目 4，周伟编写了项目 2。

由于 Word 软件版本更新迅速，新功能日新月异，且编者水平有限，书中难免存在不足之处，恳请广大师生对本书中的问题提出批评、建议和意见，以便进一步完善本书。

编　者

目　录

项目1　制作申请报告

 **项目需求**

　　小黎所在的集团办公室的打印机坏了，经信息部工程师诊断已无法维修，需要新购进一台传真、复印、打印三合一的激光打印机。按照公司的业务流程，除了需要填写公司的采购表格外，还需要向公司的采购部递交一份购买激光打印机的申请报告。

 **想一想**

　　使用计算机中的 Word 办公软件编制申请报告，其格式与手写的申请报告是一样的，制作流程如图 1-1 所示。

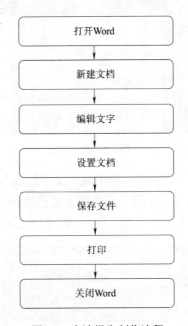

图1-1　申请报告制作流程

 **试一试**

　　了解了制作流程后，可以自己上机尝试制作这个申请报告，制作步骤参考"知识链接"板块。

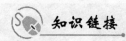 知识链接

一、打开 Word

Word 是 Microsoft 公司开发的 Office 办公软件套件中的一个。单击"开始"菜单，找到"Micosoft Office"，展开其下一级菜单，单击"Microsoft Word 2007"即可打开 word。当然也可以将"Microsoft Word 2007"做成桌面图标，然后双击这个图标即可。

二、在 Word 中输入文字

打开 Word 后，屏幕中间的空白处就和大家平时使用的白纸一样，在 Word 中"写字"应按照从上到下、从左到右的顺序进行。从键盘输入的符号都将出现在插入点处，插入点的外形如图 1-2 所示，可以看到插入点在不停地闪动，等待用户的输入。

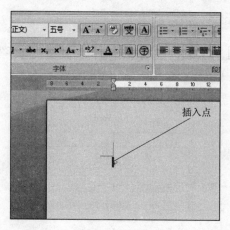

图1-2　插入点

打开自己熟悉的输入法，在此空白文档中输入文字。输入文字时，只有一个自然段结束后才需要按<Enter>键，效果如图 1-3 所示。当插入点已落到 Word 编辑区域的右边界时会自动换行。

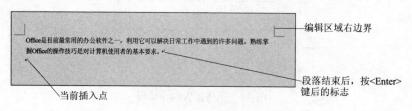

图1-3　自然段结束

三、规范化文档

在申请报告中，标题应在一行的中间，称呼语应在一行顶头的位置，而落款和时间应在一行的最末，这些都可以在"段落"工具栏中设定。单击需要设置的行，在"段落"菜单中

选择如图 1-4 所示的相应按钮即可。

注意：若一时记不住这些按钮的功能，可以让鼠标在按钮上停留久一些，这样就会出现鼠标注释。

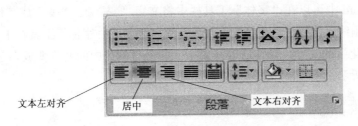

图1-4 文字的对齐按钮

每个自然段开头都要空两格，在 Word 中输入文字时，可以用空格键输入两个全角空格，但这并不方便，更规范的做法是在"段落"菜单栏中设置"特殊格式"为"首行缩进 2 字符"。当然，在这个菜单栏中还可以根据文档的特殊要求设置"行间距"等，按照图 1-5 所示可以展开"段落"对话框，按照图 1-6 所示设置"特殊格式"和"行距"。

图1-5 展开"段落"对话框

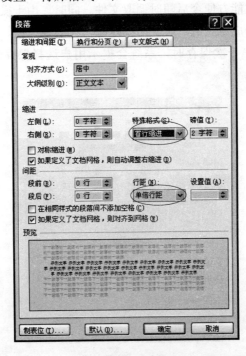

图1-6 "段落"对话框

四、美化文档

1. 美化文字内容

Word 中默认的字体比较小，但此申请报告的字数并不多，这么一大张纸上字很少又很小会显得很不协调。在 Word 中可以在"字体"工具栏中将文字"变"大、"变"成其他字体、加粗、倾斜、加上、下画线、加框、甚至"变"颜色，这些都是在"字体"工具栏中完成的。拖动鼠标选中需要"变化"的文字，操作后放开鼠标，即可看到选中的文字变成相应的效果了，具体介绍如图 1-7 所示。

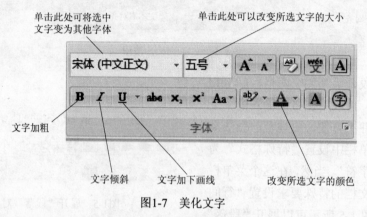

图1-7　美化文字

2. 保存文件

保存文件很重要，这能方便今后随时调取文件。同时，由于操作的不确定性，以及计算机硬件存在的风险，应养成每完成一段文档都随时保存的好习惯。

一个新建的文档在第一次保存时，系统会提示用户选择保存的位置并输入文件名，如图 1-8 和图 1-9 所示。

图1-8　保存文档

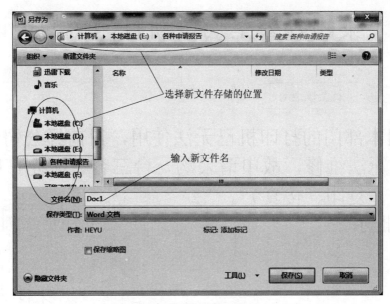

图1-9 保存并命名新文件

保存过一次的文档如果又进行了修改，那么只需再次单击"保存"按钮即可，不用再重新命名，更常见的方式是用快捷键<Ctrl+S>来随时保存修改后的文档。

3. 打印文档

1）在打印机中放上 A4 纸。

2）单击"Office"按钮，选择"打印"→"快速打印"命令即可，如图 1-10 所示。

图1-10 打印文件

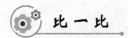 比一比

对照小黎制作的申请报告样文，如图 1-11 所示，想想还有什么地方是可以改进的？

5

关于集团办公室购进新打印机的申请

宋体、小一、加粗、居中

领导： 宋体、三号、左对齐

　　因本部门的打印机已无法使用，日前经公司信息部诊断已无法维修，故申请采购一台三合一激光打印机（打机、复印、传真）。

宋体、三号、左对齐、首行缩进2字符

　　请批示！

宋体、三号、右边齐

集团办公室
2013年4月20日

图1-11　申请报告样文

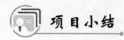 项目小结

一、本项目中需要掌握的知识和技能

1）打开 Word，熟悉 Word 2007 的界面布局。

2）在 Word 中输入文字，特别是多段落的文字。

3）用"段落"中的各个工具规范化文档，而不是用空格来控制。

4）用"字体"中的各个工具设置文字的字体、大小、粗细、颜色等。

5）正确保存文件。

6）能打印文件。

二、本项目中可以学到的工作经验

1）撰写各类报告是在工作中经常碰到的，要记住报告的基本格式。

2）<Ctrl+S>是最常用的保存文件的快捷键，不仅在 Word 中较常使用，在其他大部分的软件中保存文件也是使用这个快捷键。

三、延伸

本项目中用到了"段落"和"字体"工具栏中的部分工具，还可以自行试验其他工具，以便在需要时灵活使用。

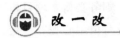 改 一 改

修改项目成果，将其做得更完美。

 你可能会遇到的困难

一、保存时选错了文件夹或文件名输入错误

解决方案：

1）文档制作完成后，在 Windows 状态下将文档复制或移动到正确的文件夹下并改名。

2）在 Word 中单击"Office"按钮，选择"另存为"命令，在"另存为"对话框中重新操作即可。

二、保存时出现的界面与图 1-9 所示的界面不一致

解决方案：

本书采用的是 Windows 7 操作系统，界面不一致是由于 Windows 操作系统版本不同造成的，按照屏幕提示进行保存即可。

三、打印时出现错误信息

解决方案：

打印时出现错误信息可能是由于计算机未安装打印机造成的，可以单击"Office"按钮，选择"打印"命令，再选择"打印预览"命令，虽然不能打印出来，但是可以看到打印出来的效果。

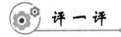 评 一 评

请填写下列评价表中的"自评"部分。

序号	评价内容	自评			组评			师评		
1	能顺利打开 Word，操作时能较快找到各个工具	☺	☺	☹	☺	☺	☹	☺	☺	☹
2	能顺利输入申请报告的各段文字	☺	☺	☹	☺	☺	☹	☺	☺	☹
3	申请报告的标题、称呼语、落款等能利用段落工具，而不是用空格	☺	☺	☹	☺	☺	☹	☺	☺	☹
4	各文字的字体、字号设置合理	☺	☺	☹	☺	☺	☹	☺	☺	☹
5	能将文档以正确的文件名保存到要求的文件夹下	☺	☺	☹	☺	☺	☹	☺	☺	☹
6	打印文档或能进行打印预览	☺	☺	☹	☺	☺	☹	☺	☺	☹
7	申请报告的格式符合规范	☺	☺	☹	☺	☺	☹	☺	☺	☹

以上 7 项自评中，有 5 项达到☺，则本项目可以过关；若低于 5 项，则务必将本项目再做一遍，直至过关为止；若低于或等于 2 项，那么是不是在学习过程中没有很用心呢？一定要努力。

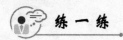 **练 一 练**

1）小黎接到领导通知，于 2013 年 4 月 9 日至 2013 年 4 月 13 日要到昆明协助当地分公司布置集团干部培训会，请为她制作一份请假条。

2）小黎要拟一份通知挂在集团内网上，通知内容是请所有员工必须于 2013 年 5 月 2 日前到人事部核查自己的医保信息并签字，请帮她制作这份通知。

项目2 制作商场外墙广告及撰写租赁协议

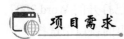 **项目需求**

小黎所在的公司打算给商场外墙制作广告，他们找到一家广告公司来承担这个项目。小黎负责用 Word 2007 编写租赁协议书。

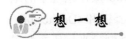 **想一想**

广告制作及租赁合同是具备法律效力的文本，所以录入时在行文及格式上要特别注意细节和规范。网上有较多的 PDF 样文，可以打印出来作为参考，根据公司的实际情况修改后录入，其制作流程如图 2-1 所示。

图2-1　制作流程

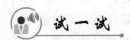 **试一试**

可以上网打印一个广告牌租赁协议书，也可以直接参照本项目的样文，根据制作流程图，自己制作完成项目。在制作的过程中，可以参考"知识链接"板块。

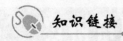 知识链接

一、另一种新建 Word 文档的方法

除了项目一中介绍的新建 Word 文档的方法，还以在桌面空白处单击鼠标右键，在弹出的快捷菜单中选择"新建"→"Microsoft Office Word 2007"命令，或在已打开的 Word 2007 中新建一个文档，即单击左上方的图标，然后选择"新建"命令，在弹出的窗口中选择"空白文档"，最后单击"创建"按钮，一个新的 Word 文档就创建好了。

二、文档编辑

1）新手录入文档时，最常遇到的问题就是不小心打错字，在 Windows 操作系统下的绝大部分软件中，删除不需要的文本都会用到键盘上的两个键：<Backspace>键和<Delete>键。它们的区别是：<Backspace>键是删除光标前的一个字符，而<Delete>键是删除光标所在位置的字符，效果如图 2-2 所示。

第一名位置上的只有美国和日本的机器，个月，日本的"京"超级机算机取代天河问鼎世界最快计算机。

位置上的只有美国和日本的机器，日本的"京"超级算机取代天河世界最快计算机。

只有美国和日本的机器，直到"京"超级机机取代天河一号计算机。

a)　　　　　　　b)　　　　　　　c)

图2-2　删除键效果对比

a）原文　b）<Backspace>键删除效果　c）<Delete>键删除效果

2）当有较多内容录入错误时，当然可以将错误的文字内容逐个删除后再重新录入。此外，还可以选择将当前系统默认的 Ins 插入模式切换为改写模式，方法是按下键盘上的<Insert>键，此时当在光标处输入一个新字符时，原来位置上的字符会被新字符取代。修改完毕后，只需再按一次<Insert>键即可恢复原有插入模式，此时在光标处输入的新字符将插入在原有的字符之前，效果如图 2-3 所示。

的只有美国和日本的机器"京"超级机算机取代天决计算机。

只有美国和日本的机器，京"超级计算机取代天河计算机。

有美国和日本的机器，直京"超级计机算机取代天快计算机。

a)　　　　　　　b)　　　　　　　c)

图2-3　模式切换效果对比

a）原文　b）改写模式下修改后的效果　c）插入模式下修改的效果

3）如果在录入文档时发现有些短句或词组已经录入过了，为了提高效率，可以使用文本的复制、粘贴功能，具体方法如下：首先，用拖动鼠标的方式选中之前录过的文字，将鼠标落在选中区域内，然后单击鼠标右键，在弹出的快捷菜单中选择"复制"命令，如图 2-4 所示。将鼠标移动到文档中需要重复录入的位置，单击鼠标右键，在图 2-4 所示的快捷菜单中选择"粘贴"命令，之前所选的文字就会复制一份到指定位置，效果如图 2-5 所示。另外，

还可以使用快捷键来快速操作：<Ctrl + C>是复制快捷键，<Ctrl + V>是粘贴快捷键。

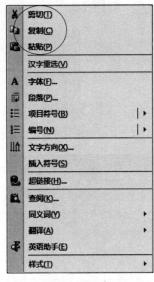

图2-4　快捷菜单　　　　　　　　　图2-5　复制粘贴效果

4）如果录入文字时发现部分文本的放置位置需要移动，则可以使用文本的剪切、粘贴功能，也称为移动操作，操作步骤如下：选中想要移动的文字后，单击鼠标右键，在图 2-4 所示的快捷菜单中选择"剪切"命令，此时将看到选中的文字消失了，然后将光标移动到目标位置，单击鼠标右键，在弹出的快捷菜单中选择"粘贴"命令，文字就会"移动"到指定位置了。另外，还可以使用快捷键来快速操作：<Ctrl + X>键是剪切快捷键。

5）在操作文档时难免会出现误操作，如不小心删除了整段文字，此时可以使用撤销操作，此操作在 Windows 操作系统的大部分软件中是通用的。在屏幕左上角处找到撤销按钮，如图 2-6 所示，每单击一次即可往回撤销之前的一个操作，如果想恢复已经被撤销的操作，则在撤销按钮的旁边找到恢复按钮，单击即可。撤销操作的快捷键是<Ctrl + Z>，使用它可以更快地完成编辑工作。

6）当在一篇文字内容非常多的文档中查找某个字或词时，逐字逐句查找明显不是在计算机上工作的思维方式。因此，计算机在文档中提供了查找功能。在工具栏最右端的"编辑"工具栏中单击"查找"按钮，如图 2-7 所示，弹出如图 2-8 所示的"查找和替换"对话框。在"查找内容"文本框中输入想要查找的内容，然后单击"查找下一处"按钮，光标会移动到所找内容的位置，如果文中有多处需要查找的内容，则可以一直单击"查找下一处"按钮并注意查看文档内容，直到该按钮灰化（变为灰色，不能再单击）。

7）如果在一篇文档中出现了大量相同的错别字，那么一处一处逐个修改明显也有违计算机工作的思维方式。有了上述工作经验，可以在"查找和替换"对话框中选择"替换"选项卡，在"查找内容"和"替换为"文本框中输入相应的内容，单击"替换"按钮即可逐个、有选择性地替换内容。而单击"全部替换"按钮则可一次性地全部替换完成。如果需要批量删除一批字，则在"替换为"文本框中不填任何信息即可，如图2-9所示。

图2-6 撤销与恢复操作　　　　　　　　　　图2-7 "查找"按钮

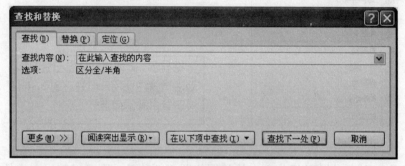

图2-8 "查找和替换"对话框

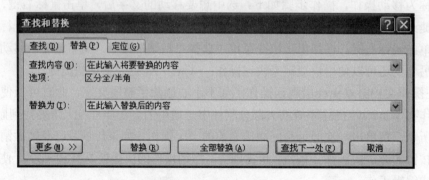

图2-9 文档的替换

三、页面设置

1）大部分文稿都是要打印输出的，打印时不同的纸张大小、纸张留白、排版方式等要求各不相同，需要根据输出时的要求对当前的文档页面进行设置。可以单击"页面布局"选项卡进行常规设置，也可以单击其右下角的小按钮，如图2-10所示，在弹出的"页面设置"对话框中进行更详细的设置，如图2-11所示。

2）设置页边距。编辑区域之外的上、下、左、右边界标志之外的纸张留白部分的宽度称为页边距，它的大小可以根据需要进行调节。打开"页面设置"对话框，然后单击"页边距"选项卡。

图2-10　页面设置

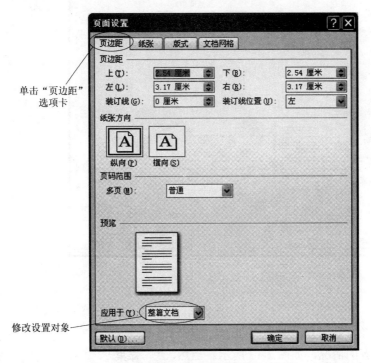

图2-11　"页面设置"对话框

　　页边距中的"上""下""左""右"分别是编辑的文字与页面边缘各个方向的距离。例如，页边距中的"上"选项的值是"2.54 厘米"，则表示文字与纸张顶端的距离是 2.54 厘米。装订线与页边距中的"上""下""左""右"的效果是类似的，它是预留给编辑人员后期完成文档编辑后纸张的装订位置。装订线的大小和位置都可以进行调节，并且与页边距的值会叠加。例如，文字到页边距"左"的值为 3.17 厘米，装订线的值也是 1 厘米，并且设置在左边，那么文字与纸张左边的距离就有 4.17 厘米了。

　　3）设置纸张大小。打开"页面设置"对话框后，单击"纸张"选项卡，如图 2-12 所示。在"纸张大小"中，可以根据实际纸张来选择标准的纸张大小，如选择"A4"命令。如果是非标准大小的打印纸张，那么需要通过测量实际纸张大小后使用"自定义"纸张大小，将"宽度"和"高度"设置成测量得到的准确值，然后单击"确定"按钮，这时显示器上的纸张大小也会随之变化。

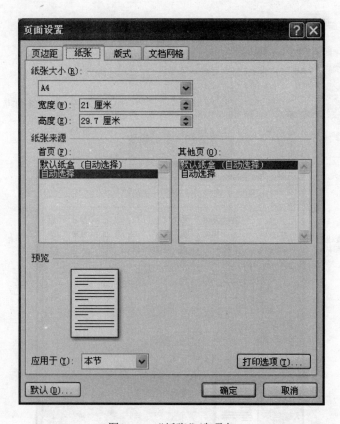

图2-12　"纸张"选项卡

四、制表符

1）编辑文档时，经常会遇到类似单词连连看这样需要每行短句都分别对齐的情况，如图2-13所示。当然，可以用空格逐渐对齐，但很快会发现经常有半个宽度的字误差是怎么也调不好的。更为简单和专业的方式是使用制表符。制表符也称为制表位，制表位是指按住键盘上的<Tab>键后，插入点移动到的位置。制表位属于"段落"的属性，每一个段落都可以设置自己的制表位，且互不影响。

苹果	banana↵
香蕉	apple↵
桔子	kiwifruit↵
奇异果	Orange↵

图2-13　单线连连看

2）用标尺设置制表符。最简单的设置制表符的方式莫过于调出标尺，在标尺上直观地进行设置：选择"视图"选项卡，在"显示/隐藏"工具栏中，确保"标尺"处于被选中状态。此时将看到文档的最上方有一根"标尺"，如图2-14所示。在想设置对齐位的位置，在标尺上单击鼠标一次，出现 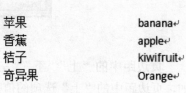 符号，表示设置成功。还可以在标尺上左右拖动制表符来调整其位置，或将其拖出标尺来取消这个制表符，如图2-15所示。甚至还可以更精确地设置这个制表符的信息，如更精确的位置、对齐方式等，只要在刚设置的制表符上双击即可弹出"制表位"对话框，如图2-16所示。

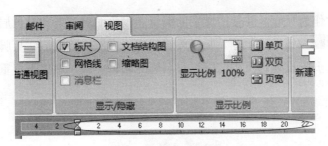

图2-14　标尺栏

图2-15　设置制表符

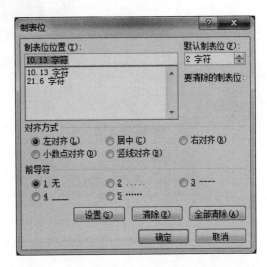

图2-16　"制表位"对话框

3）使用制表符。在每一段落开始时，在键盘上按下<Tab>键，光标就会跳到设置的制表符处，输入完信息后，每按一次即跳到下一个制表符。还可以打开"段落"对话框，单击"制表位"按钮，同样会弹出"制表位"对话框，但此时制表位都是空白的，需要自己设置精确的制表位数据，比在标尺上直观地操作要困难一些。

五、设置页眉和页脚

1）观察课本或手边的任何一本书籍，在每一面纸张的上方或下方都会印有页码，很多书的每一面上甚至还有书名或章节名称，这些就是页眉和页脚，它们通常用来显示文档的附加信息，如时间、日期、页码、单位名称、徽标等。顾名思义，页眉在页面的顶部，页脚在页面的底部。

2）制作页眉和页脚。单击"插入"选项卡，在"页眉和页脚"菜单栏中单击"页眉""页脚""页码"中的任何一个按钮即可，如图2-17所示。

如果刚才选择的是插入页眉，那么此时在下拉列表中选择"编辑页眉"选项，如图 2-18所示，然后每张页面就只有顶部（页眉部分）可以编辑了，编辑画面如图 2-19所示，可以输入文字或插入图片作为页眉，并使用文字的编辑和段落的对齐方式对页眉进行美化。编辑完成后，单击上方的▣按钮关闭页眉、页脚编辑模式，或双击除页眉、页脚以外的文章的任意部分，退出页眉、页脚设置。页脚的编辑与页眉的编辑一致，这里不再重复。

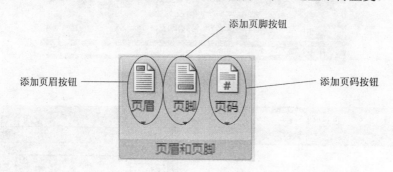

图2-17　插入页眉、页脚、页码

图2-18　页眉、页脚设置选项

图2-19　页眉页脚设置页面

3）若要删除页眉和页脚，则在设置选项中选择"删除页眉"或"删除页脚"选项。

4）开启页码。在"页眉和页脚"菜单栏中单击"页码"按钮，然后选择相应的位置即可。

5）删除页码。首先打开"页眉页脚"的编辑页面，双击页码的位置，然后按<Backspace>将页码删除即可。

六、保存为一个不可修改的文件

在工作中，当使用政务系统或公司管理平台传输已经定稿的文件时，文件在逐个向下传阅的过程中是不能被修改的，此时最好将文件保存为 PDF 格式。PDF 格式是一种便携文件格式，全称是 Portable Document Format，由 Adobe 公司开发而成。它不受操作系统的限制，传输方便，且用户不易篡改数据，只要在保存时选择"PDF 或 XPS"命令，然后根据提示向下操作即可，如图 2-20 所示。

图2-20　另存为PDF格式的文件

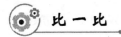

比一比

　　下面对照小黎制作的协议书样文，如图 2-21 所示，想想还有什么地方是可以改进的？

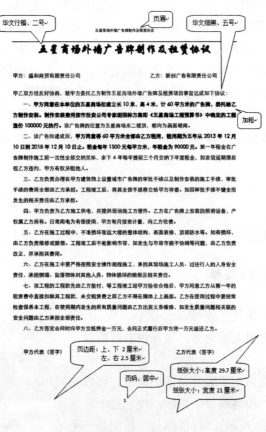

图2-21　协议书样文

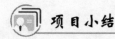 **项目小结**

一、本项目中需要掌握的知识和技能

1）插入、删除、移动、复制、查找、批量修改文字。

2）设置纸张大小和页边距。

3）添加页眉、页脚，添加页码。

4）学会使用制表符来对齐文档中的短语。

二、本项目中可以学到的工作经验

Word 中的很多功能都有快捷键，将鼠标移动到该功能下就会提示相应的快捷键，如 <Ctrl+U>是添加（删除）下画线的快捷键。

三、延伸

1）本书演示的 Word 版本是 Word 2007，如果想要用其他低版本的 Word 打开高版本的 Word，则可以将文档保存为 Word 97-2003 文档格式，以达到向下兼容的目的。

2）除了本文提到的插入页眉页脚的方式，还可以直接双击纸张顶部的页眉部分打开"页眉页脚"编辑功能。编辑完成后，双击纸张的其他位置完成编辑。

3）设置页眉、页脚时，有时不打算将每一页都设置，如首页不需要设置，或对单个页面进行单独的页眉、页脚设置，此时可以在导航一栏勾选"首页不同"复选框，这样首页就不受其他页面页眉页脚的影响了。对单个页面进行页眉、页脚编辑时，可以在导航一栏单击"上一节"或"下一节"，对页面进行分节，即可实现单独设置。

4）进行页面设置时，如果遇到某一张纸与众不同，如在纵向纸张的文档中夹有一页横向的表格，则可以在进行页边距设置时，在底端的"应用于"中选择"所选节"选项，即可单独设置纸张方向。

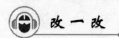 **改 一 改**

修改项目成果，将其做得更完美。

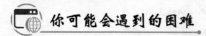 **你可能会遇到的困难**

一、输入完第一个条款并按<Enter>键后，Word 自动跳出"二、"，并且有很大的空格，很难调整好位置。

解决方案：

这是由于系统自动启动了编号功能造成的，可以在"段落"工具中单击"段落编号"按钮，使它处于非选中状态即可，如图 2-22 所示。"段落编号"按钮是一个

图2-22 "段落编号"按钮

非常有助于提高输入速度的工具，在项目 3 中将更为详细地学习它。

二、在"另存为"对话框中没有"PDF 或 XPS"选项。

解决方案：

确保安装 Office 套件时安装了 Publish 软件。可以到微软下载中心（http://www.microsoft.com/zh-cn/download/details.aspx?id=7）下载其免费加载项 Microsoft Save as PDF 或 XPS，安装即可。这是一个在文书工作中非常有用的功能，虽然还可以下载其他将 Word 文档转换为 PDF 格式的软件，但远不如在 Word 中加载这个插件方便。

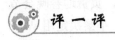 评 一 评

请填写下列评价表中的"自评"部分。

序号	评价内容	自评			组评			师评		
1	顺利找到本项目中提到的各种工具	☺	☺	☹	☺	☺	☹	☺	☺	☹
2	能顺利输入协议书中的各段文字	☺	☺	☹	☺	☺	☹	☺	☺	☹
3	在 Word 编辑中，页面设置和页眉页脚编辑合理、美观	☺	☺	☹	☺	☺	☹	☺	☺	☹
4	各文字的字体、字号设置合理	☺	☺	☹	☺	☺	☹	☺	☺	☹
5	尽量使用 Word 中的工具，而不是手动设置	☺	☺	☹	☺	☺	☹	☺	☺	☹
6	能使用基本的快捷键	☺	☺	☹	☺	☺	☹	☺	☺	☹
7	协议书的格式符合规范	☺	☺	☹	☺	☺	☹	☺	☺	☹

以上 7 项自评中，有 5 项达到☺，则本项目可以过关；若低于 5 项，则务必将本项目重新做一遍，直至过关为止；若低于或等于 2 项，那么是不是在学习过程中没有很用心呢？一定要努力。

 练 一 练

1）小黎接到领导通知，要设计一份个人简历模板，要求运用本项目所学知识，个人简历的内容自拟。

2）小黎的公司要招收新员工，领导要求小黎设计一份招聘信息挂到公司的网站上，招聘内容自拟。

项目 3　制作公司迎春晚会节目单

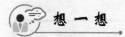 **项目需求**

小黎所在的集团公司要举办一场迎春晚会，小黎作为晚会筹备组成员，负责迎春晚会节目单的制作。节目单的内容已经确定，剩下的工作就是设计并制作节目单。小黎决定用 Word 来完成节目单的排版，然后交给文印店进行印制。

想一想

如何使用 Word 进行图片与文字的混排，从而制作出一份漂亮的节目单呢？其制作流程如图 3-1 所示。

图3-1　节目单制作流程

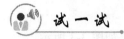

了解制作流程后，自己上机尝试制作节目单。在制作过程中，可以参考"知识链接"板块的内容。

一、编辑文字

1）双击图标![图标]，打开 Microsoft Word 2007。

2）新建一个空白文档，设置纸张大小为"16K"，页边距为"适中"。

3）打开自己熟悉的输入法，将确定的节目单内容输入到 Word 文档中，节目单内容如图 3-2 所示，完成后进行保存，养成随时保存文档的好习惯。

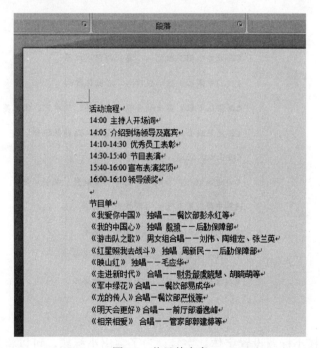

图3-2　节目单内容

二、设置文字字体、字号

编辑完文字后，节目单看起来太简单，字体也比较小，此时需要先设置一下字体和字号。

思考：在设置字体、字号时，一段一段地进行设置会很费时间，有什么办法可以快速地完成整篇文档的设置呢？

首先，纵观全文可以发现，正文部分需要设置为同一种字体和字号，只有标题部分需要突出显示。所以，可以先将全文的字体、字号设置好，再单独设置标题，这样可以极大地提高文档排版的速度。

使用快捷键<Ctrl+A>将文字全部选中，进行字体、字号的设置，效果如图 3-3 所示。

活动流程

14：00主持人开场词

14：05介绍到场领导及嘉宾

14：10-14：30优秀员工表彰

14：30-15：40节目表演

15：40-16：00宣布表演奖项

16：00-16：10领导颁奖

节目单

《我爱你中国》独唱——餐饮部彭永红等

《我的中国心》独唱殷琦——后勤保障部

《游击队之歌》男女组合唱——刘伟、陶维宏、张兰英

《红星照我去战斗》独唱周新民——后勤保障部

《映山红》独唱——毛应华

《走进新时代》合唱——财务部虞晓慧、胡晓萌等

《军中绿花》合唱——餐饮部易成华

《龙的传人》合唱——餐饮部严悦等

《明天会更好》合唱——前厅部潘逸峰

《相亲相爱》合唱——管家部郭建婷等

图3-3 设置全文字体、字号

然后，分别选择小标题设置字体、字号。为了突出小标题，可以将其进行"加粗"，使它与正文区别显示，完成后的效果如图 3-4 所示。

三、设置艺术字标题

在节目单设计中，为了增加美化效果，可以将标题设置为艺术字效果。

在 Word 中选择"插入"命令，在"文本"选项卡中找到插入艺术字的按钮，如图 3-5 所示。在艺术字列表中选择一种喜欢的艺术字效果进行应用，如图 3-6 所示。

注意：Word 中自带了 30 种艺术字效果，可以选择其中一种艺术字效果进行应用。如果对这 30 种艺术字效果都不满意，则可以选择一种艺术字运用后，再对其进行修改。

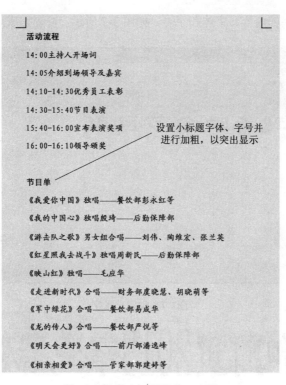

图3-4　设置小标题字体、字号

图3-5　插入艺术字

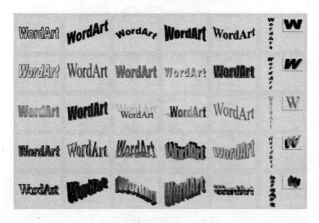

图3-6　艺术字列表

然后，设置艺术字的内容、字体和字号，如图 3-7 所示，设置完成后的效果如图 3-8 所示。

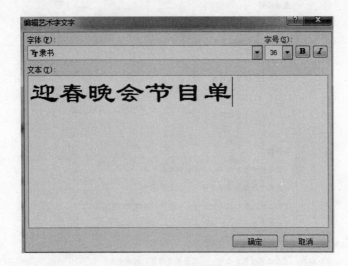

图3-7　设置艺术字

盛和商贸2013年迎春晚会

图3-8　艺术字效果

如果对艺术字的形状不满意，可以选择插入的艺术字，在"格式"菜单中的"艺术字样式"选项卡中，选择"更改形状"来修改艺术字的形状，如图 3-9 所示，完成的效果如图 3-10 所示。

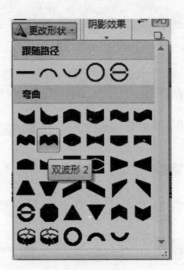

图3-9　修改艺术字形状

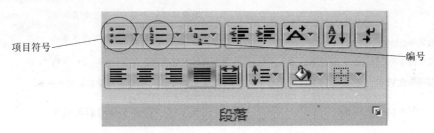

图3-10 修改形状后的艺术字效果

四、设置项目符号和编号

节目单排版中很重要的一点是让浏览者在查看节目表时一目了然。当然可以手动设置序号等，但如果数量众多，又要经常调整，就会比较麻烦。对此，Word 提供了项目符号来增强条理性。

在 Word 中选择"开始"命令，可以在"段落"工具栏中找到插入项目符号和编号的按钮，如图 3-11 所示。

图3-11 插入项目符号和编号的按钮

单击"项目符号"按钮，在图 3-12 所示的列表中选择一种项目符号进行应用，完成效果如图 3-13 所示。

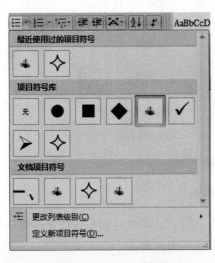

图3-12 插入项目符号    图3-13 设置了项目符号后的效果

单击"编号"按钮，在图 3-14 所示的列表中选择一种编号进行应用，完成效果如图 3-15 所示。

节目单

1. 《我爱你中国》 独唱——餐饮部彭永红等
2. 《我的中国心》 独唱 殷琦——后勤保障部
3. 《游击队之歌》 男女组合唱——刘伟、陶维宏、张兰英
4. 《红星照我去战斗》 独唱 周新民——后勤保障部
5. 《映山红》 独唱——毛应华
6. 《走进新时代》 合唱——财务部虞晓慧、胡晓萌等
7. 《军中绿花》 合唱——餐饮部易成华
8. 《龙的传人》 合唱——餐饮部严悦等
9. 《明天会更好》 合唱——前厅部潘逸峰
10. 《相亲相爱》 合唱——管家部郭建婷等

图3-14　插入编号　　　　　　　　图3-15　设置了编号后的效果

注意：Word 中自带的项目符号和编号如果不符合具体要求，则可以自定义新的项目符号和编号。

五、图文混排

为了让节目单看起来更加精美，可以插入一些图片来修饰节目单。

选择"插入"命令，在"插图"工具栏中找到插入图片的按钮，如图 3-16 所示。

图3-16　插入图片按钮

单击插入图片按钮，选择一张合适的图片插入文档中。此时，图片会将原来排版好的文本撑开，然后需要对图片进行一些设置，使图片与文字实现混排，方法如下。

1）将图片的背景设置为透明，按照图 3-17 所示进行选择。

2）将图片的"文字环绕"方式设置为"紧密型环绕"，按照图 3-18 所示进行选择，完成后的效果如图 3-19 所示。

图3-17　将图片背景设为透明色　　　　图3-18　设置"文字环绕"方式

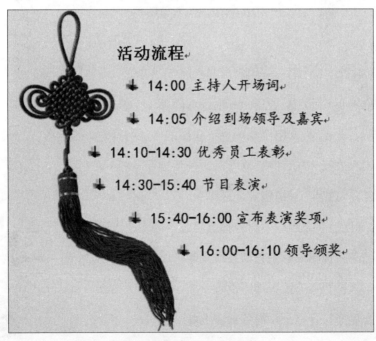

图3-19　图文混排后的效果

六、保存文档

将制作好的节目单进行保存。

比一比

下面对照小黎制作的节目单样文，想想还有什么地方是可以改进的？

盛和商贸2013年迎春晚会 节目单

活动流程

14:00　　主持人开场词

14:05　介绍到场领导及嘉宾

14:10-14:30　优秀员工表彰

14:30-15:40　节目表演

15:40-16:00　宣布表演奖项

16:00-16:10　领导颁奖

节目单

1. 《我爱你中国》　独唱——销售部彭永红

2. 《我的中国心》　独唱　殷琦——后勤保障部

3. 《游击队之歌》　男女组合唱——销售部刘伟、陶维宏、张兰英

4. 《红星照我去战斗》　独唱　周新民——后勤保障部

5. 《映山红》　独唱——销售部毛应华

6. 《走进新时代》　合唱——财务部虞晓慧、胡晓萌等

7. 《军中绿花》合唱——销售部易成华等

8. 《龙的传人》合唱—销售部严悦等

9. 《明天会更好》合唱——财务部潘逸峰

10. 《相亲相爱》　合唱——后勤保障部郭建婷等

图3-20　节目单样文

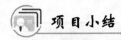

项目小结

一、本项目中需要掌握的知识和技能

1）应用艺术字来制作漂亮的标题文字。

2）使用项目符号和编号使文档结构清晰。

3）运用图文混排来修饰文档。

二、本项目中可以学到的工作经验

1）使用项目符号和编号可以使文档结构清晰，使浏览者能够对文档一目了然。

2）<Ctrl+A>是工作中最常用的全选快捷键。

三、延伸

本项目用到了"艺术字""项目符号""编号"和"图片"中的部分设置，还可以自行试验其他设置工具，以便在需要时灵活使用。

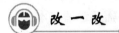

改一改

修改项目成果，将其做得更完美。

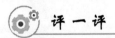

你可能会遇到的困难

一、插入的图片在文档中不能正常显示

解决方案：

这是因为图片的"文字环绕"方式不正确，可试着将图片设置为"浮于文字上方"，看看图片能不能显示出来。

二、使用编号时，不希望当前段落继续上一段落的编号

解决方案：

选中当前段落编号，单击鼠标右键，在弹出的快捷菜单中选择"重新开始于一"命令，则当前段落将从"一"开始编号。

评一评

请填写下列评价表中的"自评"部分。

序号	评价内容	自评			组评			师评		
1	操作中能较快找到各个工具	☺	☺	☹	☺	☺	☹	☺	☺	☹
2	能快速完成文档的字体、字号设置	☺	☺	☹	☺	☺	☹	☺	☺	☹

(续)

序号	评价内容	自评			组评			师评		
3	艺术字设置美观	☺	☺	☹	☺	☺	☹	☺	☺	☹
4	能正确运用项目符号和编号	☺	☺	☹	☺	☺	☹	☺	☺	☹
5	能实现图片与文字的混排	☺	☺	☹	☺	☺	☹	☺	☺	☹
6	节目单整体制作美观,能够用一页进行打印	☺	☺	☹	☺	☺	☹	☺	☺	☹

以上6项自评中,有5项达到☺,则本项目可以过关;若低于5项,则务必将本项目重新做一遍,直至过关为止;若低于或等于2项,那么是不是在学习过程中没有很用心呢?一定要努力。

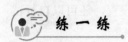

练 一 练

1)小黎接到领导通知,于2013年5月1日举办公司周年庆典活动,需要邀请与本公司有业务往来的商务人士参加本次活动,请帮她制作一份邀请函。

2)小黎作为集团的宣传骨干,要为公司制作本月的新闻稿,新闻稿的内容已经确定,请帮她用Word为这份新闻稿进行排版。

项目 4　制作公司文件

小黎接到任务，要求拟一份公司红头文件——关于成立上海办事处及人事任命的决定，具体内容如下：为进一步扩大公司经营范围，适应新形势下集团公司的经营战略发展需要，经集团公司董事会研究决定在上海成立办事处并对王新等人任命如下：

一、任命王新为上海办事处办公室主任，主持办事处的日常工作；

二、上海办事处的办公经费控制在 3 万元以内；

三、上海办事处的相关工作人员配置见附件 1；

以上任命决定自发布之日起即开始执行。

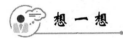 想 一 想

红头文件是通俗的称谓，因文件首页红色的文头而得名。红头文件具有统一的规范和格式。

公司签发的红头文件较多，如果对每一份文件都设置格式，那么将非常浪费工作时间。能否根据红头文件的统一的规范和格式，对文档只设置一次，就应用到所有的红头文件中呢？这个问题可以通过 Word 中的模板来解决。

红头文件的制作流程如图 4-1 所示。

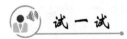 试 一 试

了解制作流程后，自己上机尝试制作红头文件的模板，再利用该模板制作具体的红头文件。制作过程中，可以参考"知识链接"板块的内容。

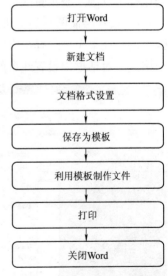

图4-1　红头文件制作流程

 知识链接

一、关于模板

因为公司的红头文件格式是固定的，所以每次都重新进行设置非常麻烦。当然可以在以

后每次使用时调用老文件来修改，但这对于不同部分签发红头文件时使用并不方便，且对于 Windows 操作不熟练的同事来说，很有可能因为忘记复制而直接更改旧文件造成无法挽回的损失。因此，Word 提供了"模板"工具来解决这个问题。一般操作步骤总结如下：设置模板的格式→存为模板→使用模板输入文本。

红头文件格式设置（在设置时，只输入固定格式中一定存在的文字，格式中没有的文字不用输入，或输入提示文字，以便使用模板时输入相应的内容）：

1）红头文件格式中第一行应为发文单位，即公司名称，其颜色为红色，且字体要略大，一般使用宋体或仿宋体。

2）红头文件中第二行为发文号，一般格式如图 4-2 所示，其编号要根据公司的相关规定来编制。

×字〔201×〕×号

图4-2　发文号效果

3）在发文号的下方一般有一条红线，以区分"红头"和下文的内容。在 Word 中除了绘制线，还可以绘制各种图形。在菜单栏中选择"插入"→"形状"命令，选择直线工具，如图 4-3 所示，此时鼠标会变成"十"字形，这时在文档的编辑区域任意拖动鼠标，可以发现鼠标经过处画出了一条直线。

注意：按住键盘上的<Shift>键，然后从左到右拖动鼠标可以画一条水平线，从上到下拖动鼠标可以画一条垂直线。

4）设置绘制图形的格式。在绘制好的图形上单击鼠标右键（确保鼠标变为雪花状），在弹出的快捷菜单中选择"设置自选图形格式"命令，如图 4-4 所示。在弹出的"设置自选图形格式"对话框中设置线条的颜色和粗细，如图 4-5 所示。

图4-3　插入直线

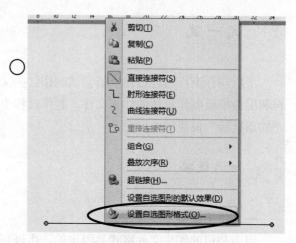

图4-4　设置图形格式

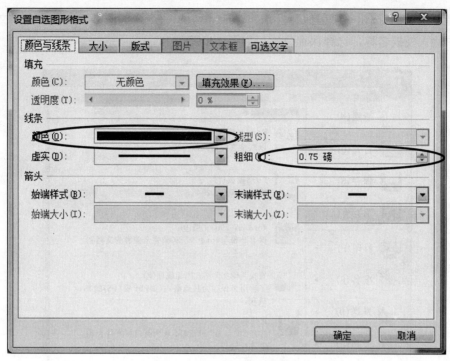

图4-5　设置线条颜色与粗细

注意：图形的填充色和线条颜色是不同的，线条颜色是指非线形图形的边线颜色，而填充色是指图形边线内的颜色。

5）在文档最后，还需录入主题词、印发机关与印发日期，效果如图 4-6 所示。

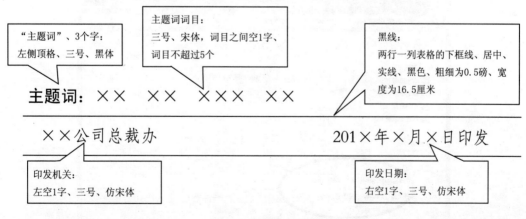

图4-6　文档底部效果

二、保存为模板

模板是 Word 中一类特殊的文档，不同于普通文件的扩展名.docx，模板文件的扩展名是.dotx。

33

选择"Office"按钮→"另保存"→"Word 模板"命令，如图 4-7 所示。在"文件名"文本框中输入模板名称，选择保存位置，如图 4-8 所示。

图4-7　将文档保存为模板

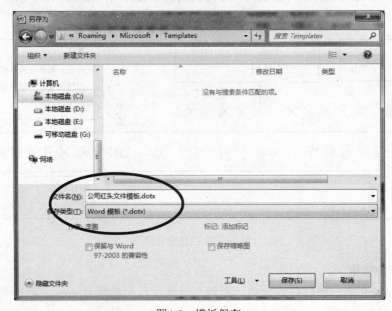

图4-8　模板保存

三、应用模板制作文档

成功完成前面两个步骤后，可以使用模板来创建一批相同格式的文件了，就像中秋节，人们用模具压出一批一模一样花纹的月饼，而月饼的馅却各式各样。

1）依据模板建立新公文：选择"Office"按钮→"新建"命令，在"模板"选项卡中选择"我的模板"，如图 4-9 所示。在弹出的"新建"对话框中选择刚保存的模板，在右下角的"新建"处选中"文档"单选按钮，然后单击"确定"按钮，如图 4-10 所示。

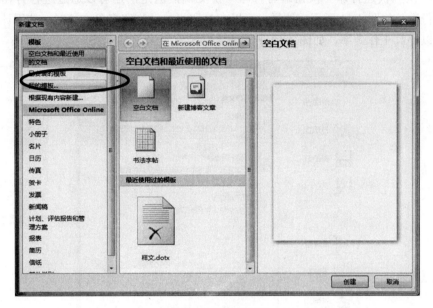

图4-9　"我的模板"

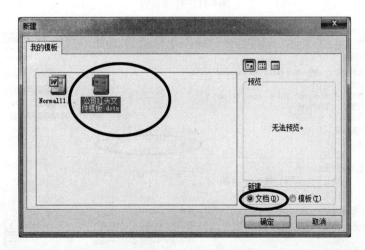

图4-10　利用模板新建文档

2）制作公文正文内容：根据实际需求，可以直接在相应位置录入正文内容，也可以从其他软件中将文字复制过来，但必须遵循模板格式。文号和主题词应按照模板定义的字体填写完整。最后，将红头、红线、文号、标题、主送机关、正文、成文日期、主题词的相互位置调整好。

3）保存文档：将已做好的文档保存至所需位置，并按要求命名保存。

四、打印设置

公司的红头文件往往需要打印多份，分别用于公示和存档等。虽然有了项目1的经验，通过单击一次"快速打印"按钮即可打印一份文稿，但是，还可以通过进行打印设置直接选择打印份数，如图4-11所示。这样，可以在打印机自动打印多份文档时，使用计算机做其他工作，以提高工作效率，如图4-12所示。

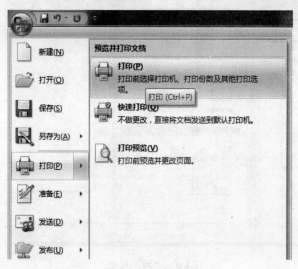

图4-11　打印设置

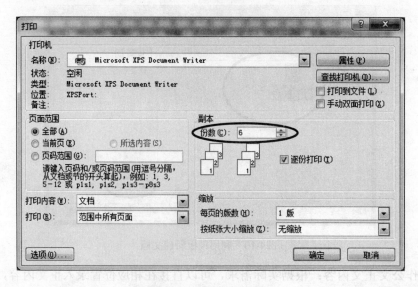

图4-12　设置打印份数

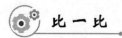

比一比

下面对照小黎制作的模板和红头文件，如图 4-13~图 4-15 所示，想想还有什么地方是可以改进的？

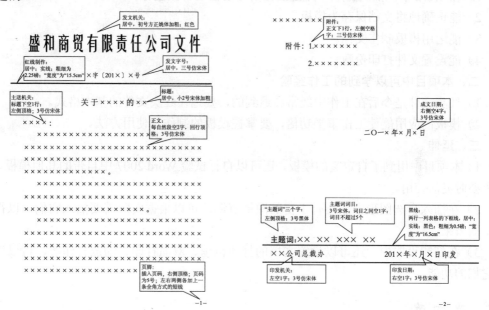

图4-13 红头文件模板1　　　　　　　　图4-14 红头文件模板2

图4-15 红头文件样文

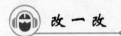 项目小结

一、本项目中需要掌握的知识和技能

1）在 Word 中，插入图形，并会设置图形的粗细、颜色等。

2）能正确地将文档保存为模板。

3）能运用模板制作文档。

4）能设置文件打印份数。

二、本项目中可以学到的工作经验

1）红头文件是今后在工作中经常会遇到的，要记住红头文件的基本格式。

2）模板的应用能使工作事半功倍，要掌握模板的制作及使用方法。

三、延伸

1）本项目中用到了自定义的模板，还可以自行试验 Word 2007 中自带的其他模板，以便在需要时灵活使用。

2）在插入自选图形中，还有丰富的图形资源，可以根据实际需要插入它们，以得到更丰富的效果。

3）在打印设置中，还可以设置文档的打印范围、双面打印、缩放打印等，可以逐项试验它们的功能。

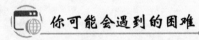 改 一 改

修改项目成果，将其做得更完美。

你可能会遇到的困难

一、保存为模板时找不到路径

解决方案：

本书采用的是 Windows 7 操作系统，若找不到路径是由文件夹隐藏造成的，可通过下列两种方法解决。

1）单击"组织"右下角的三角形，在弹出的下拉菜单中单击"文件夹和搜索选项"命令，如图 4-16 所示。

2）在"文件夹选项"对话框中单击"查看"选项卡，在"隐藏文件和文件夹"下，取消选中"不显示隐藏文件、文件夹或驱动器"单选按钮，选中"显示隐藏文件、文件夹或驱动器"单选按钮，然后单击"确定"按钮即可，如图 4-17 所示。

二、保存模板时"我的模板"文件夹目录与本文不一致

解决方案：

本书采用的是 Windows 7 操作系统，出现不一致是由 Windows 版本不同造成的。在

Windows XP 操作系统中，Word 2007"我的模板"文件夹目录为 C:\Documents and Settings\Administrator\Application Data\Microsoft\Templates，而在 Windows 7 操作系统中，Word 2007"我的模板"文件夹目录为 C:\Users\Administrator\AppData\Roaming\Microsoft\Templates。

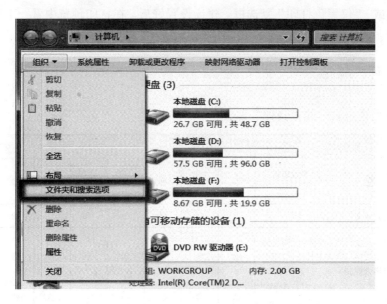

图4-16　文件夹和搜索选项

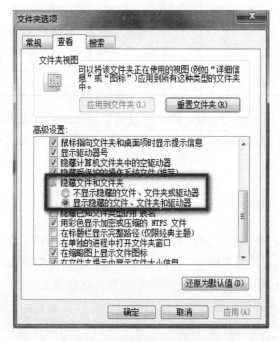

图4-17　隐藏文件和文件夹

三、红头文件的红标题打印出来是黑色的

解决方案：

首先，必须使用彩色打印机。然后打开"开始"菜单，选择"打印机和传真"，在要选择的打印机上单击鼠标右键，在弹出的快捷菜单中选择"打印首选项"选项，取消勾选"设置彩色打印"或"仅黑色打印"复选框。建议设置好后，在打印预览中看一下标题是不是红色的，再打印。

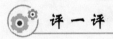 **评一评**

请填写下列评价表中的"自评"部分。

序号	评价内容	自评			组评			师评		
1	能顺利完成文档中字体、字号等格式的设置	☺	☺	☹	☺	☺	☹	☺	☺	☹
2	能顺利完成文档中段落的设置	☺	☺	☹	☺	☺	☹	☺	☺	☹
3	文档中的发文日期、关键字、印发日期等能利用表格与段落工具设置，而不是使用空格来控制	☺	☺	☹	☺	☺	☹	☺	☺	☹
4	完成页码的设置	☺	☺	☹	☺	☺	☹	☺	☺	☹
5	能顺利地将文档保存为模板	☺	☺	☹	☺	☺	☹	☺	☺	☹
6	能利用模板快速地完成类似文档的制作	☺	☺	☹	☺	☺	☹	☺	☺	☹
7	打印档或能进行打印预览	☺	☺	☹	☺	☺	☹	☺	☺	☹
8	红头文件的格式符合规范	☺	☺	☹	☺	☺	☹	☺	☺	☹

以上8项自评中，有6项达到☺，则本项目可以过关；若低于6项，则务必将本项目重新做一遍，直至过关为止；若低于或等于2项，那么是不是在学习过程中没有很用心呢？一定要努力。

 **练一练**

1）小黎接到任务，要求拟一份公司红头文件——关于抽调王新贵等同志到集团办公室工作的通知，具体抽调人员为王新贵、张致莉、王清、麦云4位同志，抽调时间为2013年5月13日至2013年7月30日。利用已完成的模板制作这份通知。

2）小黎要拟一份正式任命张娴为集团总经理的文件，请利用已完成的模板制作这份文件。提示：任命期限为3年，任命时间从2013年5月21日起计算。

项目5 制作公司值班表

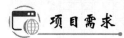

项目需求

国庆假期（7 天）将近，为确保公司各部门（5 个部门）在假期期间均能正常运转，公司要求各部门假期安排值班人员。领导要求小黎汇总各部门的安排制作值班表，并发放到各部门负责人的手中。

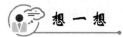

想 一 想

公司值班表的制作流程如图 5-1 所示。

试 一 试

了解制作流程后，自己上机尝试制作公司值班表。制做作过程中，可以参考"知识链接"板块的内容。

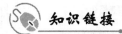

知识链接

一、创建表格

表格是由水平的行和垂直的列组成的，行与列交叉形成的方框称为单元格。

打开 Word 文档，将光标移动到插入点，单击菜单栏中的"插入"菜单，单击如图 5-2 所示的"表格"，此时可以任意创建表格（插入 8 列 6 行的表格）。这种创建方式比较灵活，但事先要想清楚需要多少行、多少列。

当然，如果不喜欢拉动表格来选择行数和列数，也可以选择 "插入"→"表格"→"插入表格"命令，如图 5-3 所示，弹出"插入表格"对话框。在对话框中输入所需创建表格的列数和行数即可，如图 5-4 所示。

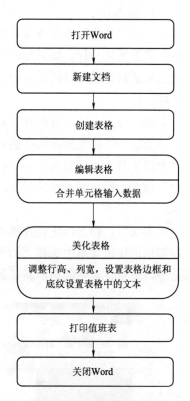

图5-1 值班表的制作流程

图5-2　直接拉动需要的行和列创建表格

图5-3　通过"插入表格"对话框创建表格

二、编辑表格

1. 插入行

创建完表格后才发现实际上需要一个 7 行的表格，现在需要增加一行。如果想在表格的最后新增一行，则把光标放到最后一行的最右边，然后按<Enter>键，即可新增一行。

插入行的方法还有两种，具体如下。

方法一。将光标定位在插入点后，在菜单栏中选择"表格工具"→"布局"→"行和列"→"在下方插入行"命令，即可在表格的最后新插入一行，如图 5-5 所示。

方法二：将光标定位在插入点后，单击鼠标右键，在弹出的快捷菜单中选择"插入"→"在下方插入行"命令，即可在表格的最后新插入一行，如图 5-6 所示。

图5-4　"插入表格"对话框

图5-5　通过表格工具插入新行

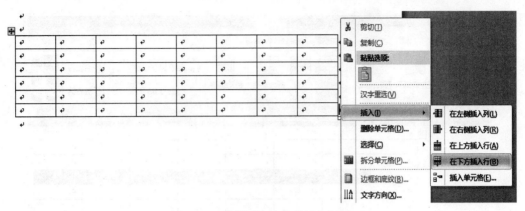

图5-6 通过使用快捷菜单插入新行

注意：如果需要删除某行，则选中需要删除的行后，也可以通过"表格工具"和单击鼠标右键弹出的快捷菜单进行删除。

2. 合并单元格

表格处理时，有时需要将两个单元格或更多的单元格变成一个单元格，这在表格操作中称为"合并单元格"。合并单元格的方法有以下两种。

方法一：选中需要合并的单元格，单击鼠标右键，在弹出的快捷菜单中选择"合并单元格"命令，如图 5-7 所示。

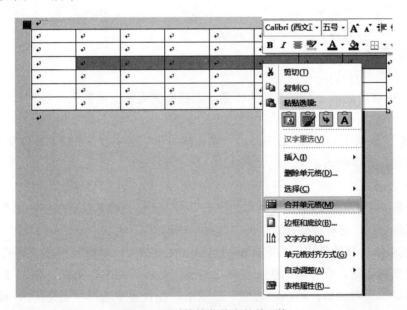

图5-7 通过快捷菜单合并单元格

方法二：选中需要合并的单元格，在菜单栏中选择"表格工具"→"布局"→"合并"→"合并单元格"命令，如图 5-8 所示。

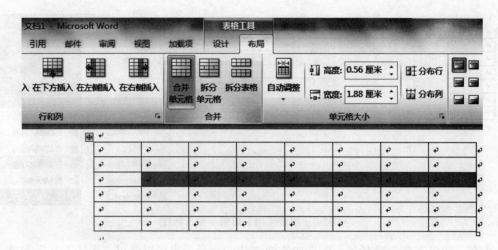

图5-8　通过表格工具合并单元格

注意：如果需要拆分某单元格，则选中需要拆分的单元格，使用"表格工具"或快捷菜单中的"拆分单元格"命令，再输入需要拆分成的行数和列数，即可实现单元格的拆分。

3. 在表格中输入数据

在表格中输入数据与在文档中输入文本的方法一样，都是先定位插入点，再向表格中输入数据即可。如果在单元格中输入文本时出现错误，则按<Backspace>键可以删除插入点左边的字符，按<Delete>键可以删除插入点右边的字符。

三、美化表格

1. 调整行高和列宽

1）将鼠标移动到第一行左边界的外侧，当鼠标的光标变成箭头形状时，单击鼠标即可选择该行。

2）选择 "表格工具"→"布局"→"单元格大小"命令，分别输入高度和宽度的大小，即可调整相应的行高和列宽。

2. 设置边框

在一些英文文档的处理中，按英文的行文习惯，表格一般是没有线的。另外，有些表格里只需要部分边线。这些都要在表格的"边框"中设置。

1）给表格添加粗的外边框：把鼠标的光标放在表格上，单击表格左上角的 选中整个表格，单击鼠标右键，在弹出的快捷菜单中选择"边框和底纹"命令，如图 5-9 所示，弹出"边框和底纹"对话框，单击"边框"选项卡，在设置中选择"自定义"，设置"样式""宽度""颜色"的值，确定边框的粗细及颜色，然后在右侧预览的图示框中分别单击表格的外边框，最后将"应用于"设置为"表格"，即可为表格添加粗的外边框，如图 5-10 所示。

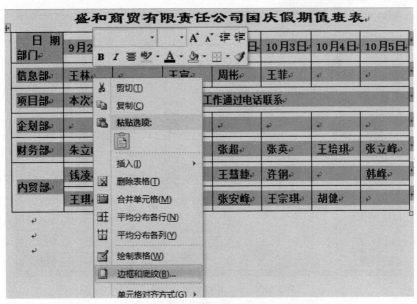

图5-9　选择"边框和底纹"选项

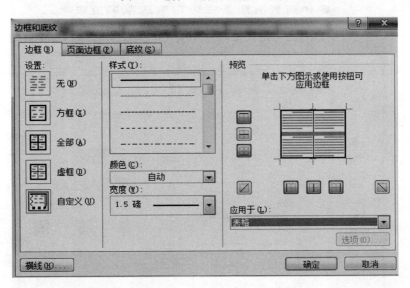

图5-10　设置表格外边框

2）给表格添加细的黑色内边框：方法与设置外边框一致，选择"自定义"，分别设置"样式""宽度""颜色"的值，然后在右侧预览的图示框中分别单击表格的内边框，最后将"应用于"设置为"表格"，如图 5-11 所示。

3）设置表头的斜线：选中表头单元格，打开"边框和底纹"对话框，选择"自定义"，设置好"样式""颜色""宽度"的值，在右侧预览的图示框中单击"斜下框线"，然后将"应用于"设置为"单元格"，如图 5-12 所示。

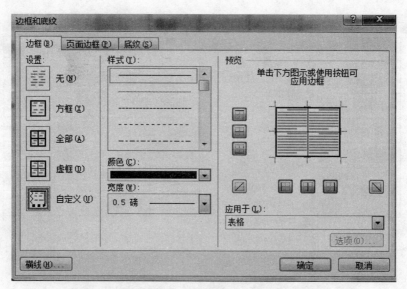

图5-11 设置表格内边框

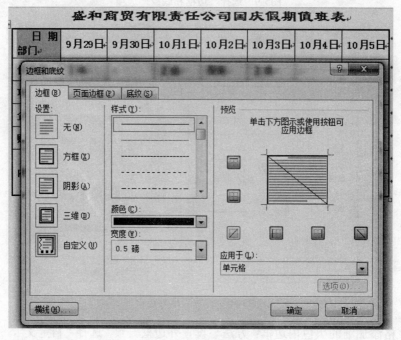

图5-12 设置表头斜线

3. 设置底纹

选中需要添加底纹的单元格，单击鼠标右键，在弹出的快捷菜单中选择"边框和底纹"命令，打开"边框和底纹"对话框中，选择"底纹"选项卡，选择"填充"需要的颜色，并将"应用于"设置为"单元格"，即可设置单元格的底纹，如图 5-13 所示。

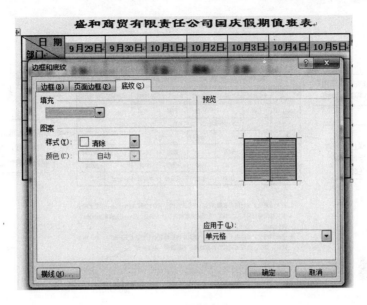

图5-13　设置底纹

4. 设置表格中的文本

表格中文本的格式（如字体、字号、字形等）设置和在普通文档中一样，此外还可以设置表格中文字的对齐方式。文字的对齐方式如图 5-14 所示。

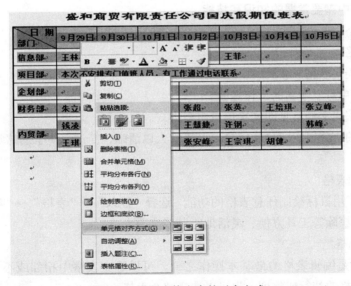

图5-14　设置表格文字的对齐方式

比一比

下面对照小黎制作的公司值班表，如图 5-15 所示，想想还有什么地方是可以改进的。

项目五 样文

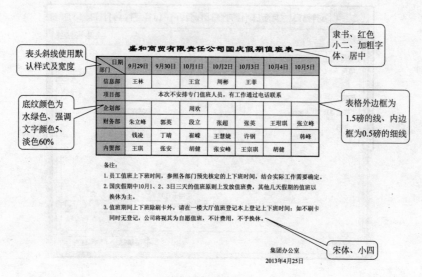

图5-15 公司值班表

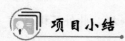项目小结

一、本项目中需要掌握的知识和技能

1）创建表格。

2）编辑表格。

3）修饰和美化表格。

二、本项目中可以学到的工作经验

1）表格是编辑文档常见的文字信息组织形式。

2）以表格的方式组织和显示信息，可以给人以清晰、简洁、明了的感觉。

三、延伸

1. 自由绘制表格

Word 提供了用鼠标绘制任意表格的功能，选择"插入"→"表格"→"绘制表格"命令，即可应用铅笔、擦除等工具方便、灵活地绘制或修改表格。

2. 选定单元格

选定单元格是编辑表格的最基本操作之一，可以选定表格中相邻或不相邻的多个单元格，可以选择表格的整行或整列，也可以选择整个表格。

1）选定一个单元格：把鼠标光标移动到该单元格的左侧，当光标变成右向的黑色实心箭头时，单击鼠标即可选定。

2）选定一行单元格：把鼠标光标移动到该行的左侧，当光标变成右向的空心箭头时，单击鼠标即可选定。

3）选定一列单元格：把鼠标光标移动到该列的上界，当光标变成右向的黑色实心箭头时，单击鼠标即可选定。

4）选定部分相邻单元格：选中要选择的最左上角的单元格，按住鼠标左键拖动到要选择的最右下角的单元格即可。

5）选择多行（列）：先选定一行（列），然后按住<Shift>键单击另外的行（列），则可将连续的多行（列）同时选中。如果先选定一行（列），然后按住<Ctrl>键单击另外的行（列），则可将不连续的多行（列）同时选中。

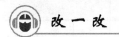

改一改

表格工具中还有表格样式等众多功能，充分应用这些功能修改项目成果，将其做得更完美。

你可能会遇到的困难

一、在表格中输入信息时看错行了，把第二行的信息和第四行的信息输入反了，如何交换两行的位置

解决方案：

选中第二行单元格，将鼠标光标移动到被选中行的最左边的单元格，再按住鼠标左键拖动第二行的文字，拖动到第四行最左边的单元格的文字前放开即可。再用同样的方法把第四行移动到原第三行的前面，即可交换两行的位置。

二、设置表头斜线时弹出的"边框和底纹"对话框的预览处为什么没有"斜下框线" ⬊ **（见图 5-16）**

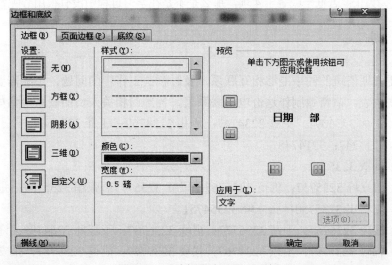

图5-16　"边框和底纹"对话框

解决方案：

出现这种问题是因为只选中了表头单元格的部分文字。解决的方法有两种：一是可以直接在"应用于"下面选择"单元格"；二是重新选中表头单元格。

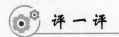

评一评

请填写下列评价表中的"自评"部分。

序号	评价内容	自评			组评			师评		
1	能明确表格所需的行数和列数	☺	☺	☹	☺	☺	☹	☺	☺	☹
2	能顺利地创建表格	☺	☺	☹	☺	☺	☹	☺	☺	☹
3	能顺利地插入新行	☺	☺	☹	☺	☺	☹	☺	☺	☹
4	能明确哪些单元格需要合并	☺	☺	☹	☺	☺	☹	☺	☺	☹
5	能顺利地合并单元格	☺	☺	☹	☺	☺	☹	☺	☺	☹
6	能顺利地输入相关数据	☺	☺	☹	☺	☺	☹	☺	☺	☹
7	知道为什么要调整行高和列宽	☺	☺	☹	☺	☺	☹	☺	☺	☹
8	能顺利地设置合适的行高和列宽	☺	☺	☹	☺	☺	☹	☺	☺	☹
9	能顺利地设置表格内外边框	☺	☺	☹	☺	☺	☹	☺	☺	☹
10	能顺利地设置表头斜线	☺	☺	☹	☺	☺	☹	☺	☺	☹
11	能顺利地设置行或列的底纹	☺	☺	☹	☺	☺	☹	☺	☺	☹
12	值班表地格式符合规范	☺	☺	☹	☺	☺	☹	☺	☺	☹

以上 12 项自评中，有 9 项达到☺，则本项目可以过关；若低于 9 项，则务必将本项目重新做一遍，直至过关为止；若低于或等于 4 项，那么是不是在学习过程中没有很用心呢？一定要努力。

练一练

为了方便假期值班的同事能够相互联系，及时解决工作中的问题，小黎需要制作一份假期值班电话联系表。请帮她制作这份电话联系表，各部门相关人员的联系电话如下。

信息部：王林 3736091；王宣 3234747；周彬 3234757；王菲 3234649。

项目部：3214247；3214748。

企划部：周欢 3235747。

财务部：朱立峰 3235757；郭英 3235767；段立 3235777；张超 3235787；张英 3235797；王培琪 3235750；张立峰 32354751。

内贸部：钱凌 3236767；丁靖 3236777；崔嵘 3236787；王慧婕 3264797；许钢 3238787；韩峰 3238797；王琪 3239767；张安 3239777；胡健 3239787；张安峰 3239797；王宗琪 3239780；胡健 3239789。

项目6　套打请款单

 **项目需求**

小黎所在的集团办公室经常要购买一些茶叶、水果等接待用品，不仅需要预支现金，还要经常帮公司领导办理公司内部的转账流程,这些都需要提前到公司的会计部门填写请款单，如图 6-1 所示。

盛和商贸有限责任公司用款申请单 年 月 日

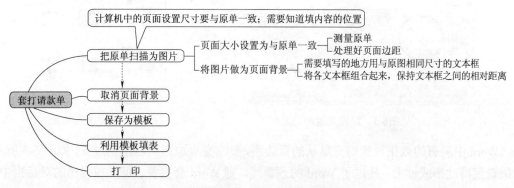

图6-1　盛和商贸有限责任公司用款申请单

小黎今天一天就填写了 4 份表，因为这些都是会计凭证，不能涂改，所以写错一点就要重写一份。因此，小黎决定做一个请款单的套打模板，以便日后使用。

 **想一想**

套打请款单的制作流程如图 6-2 所示。

图6-2　套打请款单制作流程

试一试

请从本书的电子资源包中获取已经扫描好的请款单图片文件"请款单.png"。请款单原尺寸为21.1cm×10.8cm。请为此请款单制作一个模板，并利用此模板填写一个预领1000元现金用于购买茶叶（招待使用）的请款单。

知识链接

一、扫描文件

要将文件扫描成图片来使用，需要有扫描仪和支持扫描的软件。Word自身并不支持文件扫描功能，可以使用Photoshop或ACDSee等较常用的软件来扫描文件。文件扫描为图片后，切记不能改变图片的大小，但应把原文件纸张周围多余的部分裁剪掉。

二、纸张设置

因为要在原件纸张上套打，所以有必要在"页面布局"选项卡下的"纸张大小"中进行"自定义边距"设置，如图6-3和图6-4所示，尺寸要与原件的大小一模一样（设置方法参见项目2）。

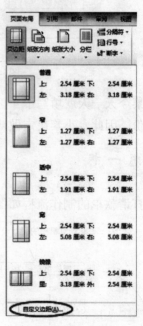

图6-3　设置页边距　　　　　　　图6-4　自定义页边距

Word中所有的纸张设置均有默认的页边距，要改变页边距可以重新设置，如图6-5所示。如果设置得过小或过大，超过了Word的预警线，则Word会报警。可以在弹出的对话框中选择"调整"，此时将由Word自动调整边距，也可以选择"忽略"，强行按原有设置不调整边距，如图 6-6 所示。

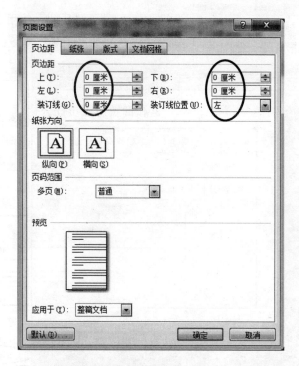

图6-5 设置正文区域离纸张的上、下、左、右的距离

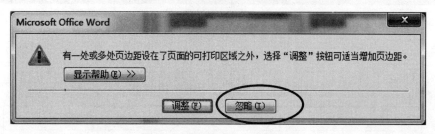

图6-6 按照所需尺寸设置边距

三、插入图片

参见项目 3 中已学过的插入图片的方法。

四、插入文本框

在 Word 编辑状态下输入文字遵循自上而下、自左向右的顺序，但有时需要灵活地在页面的任意位置输入少量文字，这时可以使用"文本框"，可以通过拖动鼠标来确定文本框的大小，也可以通过设置文本框的属性来改变文本框的大小、边距、填充色、线条颜色等。文本框内的文字可按正常编辑文字的方法设置其字体、字号和颜色等，这里按照图 6-7~图 6-10 所示设置文本框。

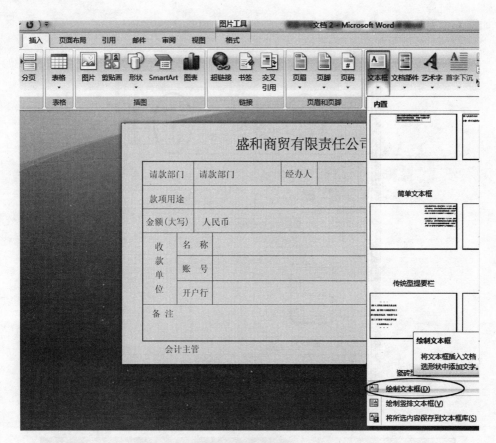

图6-7　绘制文本框

图6-8　拖动鼠标绘制文本框

图6-9 使用菜单命令进行文本框格式设置

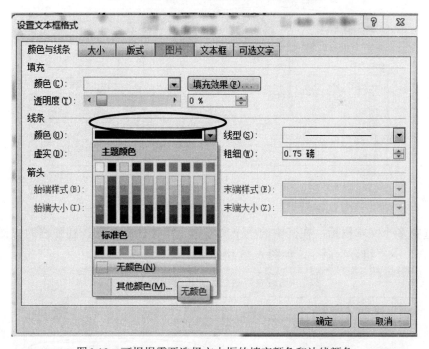

图6-10 可根据需要选择文本框的填充颜色和边线颜色

五、文本框组合

若一个页面内的文本框较多，为固定其相对位置，可以逐个将已做好的文本框组合起来，操作方法如下。

1）单击选中第一个文本框，如图 6-11 所示。

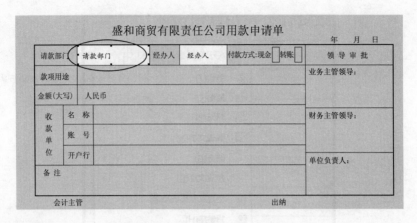

图6-11　选中第一个文本框

2）按住键盘上的<Ctrl>键，将鼠标移动到第二个文本框的边线上，注意观察，当鼠标光标变为箭头且有一个小的"十"字形符号时，单击鼠标左键，如图6-12所示。

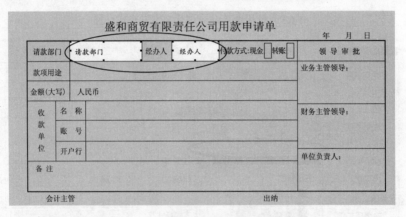

图6-12　同时选中两个或多个文本框

3）选中多个文本框后，在其中的一个文本框上单击鼠标右键，在弹出的快捷菜单中，选择"组合"→"组合"命令，如图6-13所示。

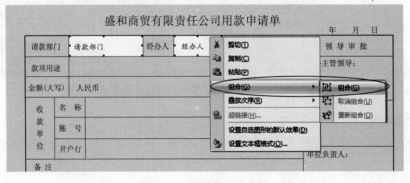

图6-13　组合多个文本框

六、删除背景底图

单击背景底图的任意一处选中背景底图，然后单击鼠标右键，在弹出的快捷菜单中选择"剪切"选项，如图 6-14 所示，或在键盘上按<Delete>键，也可删除背景底图。

图6-14　删除背景底图

七、存为模板并利用模板制作新文件

为便于今后随时填写，随时打印，可将此时的文档另存为模板，在需要使用时，直接以请款单为模板新建文档，根据之前制作的提示填表即可。模板的创建与使用在项目 4 中有详细介绍，这里不再赘述。

八、票据打印机

一般情况下，若无特殊要求，则普通打印机完全可以胜任打印票据的需求。但是如果票据由多联构成，且第一联和二联还有复写功能，则只能使用针式打印机，针对各种规格的票据，还有专用的票据打印机，这种打印机进、出纸在同一个方向，使用起来非常方便，其价格在 400~4000 元不等，如图 6-15 所示。

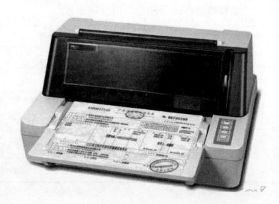

图6-15　票据打印机

比一比

下面对照小黎制作的模板和请款单，如图 6-16~图 6-18 所示，想想还有什么地方是可以改进的？

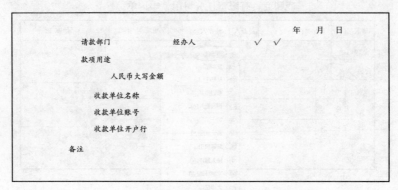

图6-16　请款单模板1

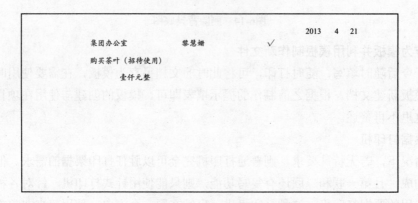

图6-17　请款单模板2

盛和商贸有限责任公司用款申请单					
				2013 年 4 月 21 日	
请款部门	集团办公室	经办人	黎慧姗	付款方式:现金☑转账□	领 导 审 批
款项用途	购买茶叶（招待使用）				业务主管领导：
金额(大写)	人民币 壹仟元整				
收款单位	名 称				财务主管领导：
	账 号				
	开户行				单位负责人：
备 注					
会计主管				出纳	

图6-18　请款单

58

项目小结

一、本项目中需要掌握的知识和技能

1）按非标准尺寸的纸张规格设置 Word 的纸张。

2）按实际需要设置纸张的页边距。

3）插入图片并将图片按比例缩放，作为纸张的背景图片。

4）插入文本框。

5）设置文本框的填充色、边线、边距。

6）设置文本框中文字的字体、字号、颜色等。

7）组合多个文本框为一个图形，以固定文本框之间的相对距离。

二、本项目中可以学到的工作经验

1）套打表格类文件，一般使用"扫描原件→原件作为背景图片→插入文本框用于填写内容→组合文本框→删除背景图片→打印"的工作思路。

2）若某表格类文件是经常使用的，则可以利用模板以反复使用。

三、延伸

本项目中需要配合使用扫描仪和 ACDSee 软件（或 Photoshop 软件），在软件配备完善的情况下，可以上机试验；也可以获取一些三联或四联票据，使用票据打印机试验，观察试验效果。以上两种试验有助于完整且全面地体验本项目。

改一改

修改项目模板和应用模板填写的请款单，使其更完美。

你可能会遇到的困难

一、插入图片时，图片不能正好填充纸张

解决方案：

再次测量实际纸张的尺寸，并检查页面设置中纸张大小与页边距的设置是否正确。若是因为在扫描图片后对图片进行过处理造成的，则直接锁定图片纵横比，将图片拉伸到与纸线同样大小即可。

二、组合文本框时，"组合"为灰色

解决方案：

这是由于未能同时选中多个文本框造成的。选中多个文本框后，鼠标要停留在其中一个文本框的边线处，待其变为雪花状箭头时再单击鼠标右键。

三、存为模板后，再新建时找不到模板

解决方案：

这是由保存的路径有误造成的，或与 Windows 操作系统的版本有关，请参考项目 4 的相关内容。

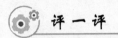
评一评

请填写下列评价表中的"自评"部分。

序号	评价内容	自评			组评			师评		
1	能按给定尺寸设置纸张大小	☺	☺	☹	☺	☺	☹	☺	☺	☹
2	会将页边距全部强制设置为 0	☺	☺	☹	☺	☺	☹	☺	☺	☹
3	能将给定的原件扫描图片插入纸张中，并恰好填满，成为背景图片	☺	☺	☹	☺	☺	☹	☺	☺	☹
4	能在正确的地方插入无框文本框	☺	☺	☹	☺	☺	☹	☺	☺	☹
5	能合理、美观地设置文本框内的文字	☺	☺	☹	☺	☺	☹	☺	☺	☹
6	能组合所有文本框	☺	☺	☹	☺	☺	☹	☺	☺	☹
7	能删除背景图片	☺	☺	☹	☺	☺	☹	☺	☺	☹
8	会正确保存为模板，且模板能在"新建"中看到	☺	☺	☹	☺	☺	☹	☺	☺	☹
9	会使用模板正确新建请款单	☺	☺	☹	☺	☺	☹	☺	☺	☹
10	请款单填写正确，特别是大写数字无错误	☺	☺	☹	☺	☺	☹	☺	☺	☹

以上 10 项自评中，有 7 项达到☺，则本项目可以过关；若低于 7 项，则务必将本项目重新做一遍，直至过关为止；若低于或等于 3 项，那么是不是在学习过程中没有很用心呢？一定要努力。

练一练

1）小黎所在的公司要向中华红十字总会捐赠 10 万元用于四川地震灾区重建，请利用已做好的模板完成此项工作。

注意：中华红十字总会，账号为 0210009014413252，开户行为北京市海淀区分行。

2）请到银行取一张定期存款单，制作一个填写定期存款单的套打模板，并应用其填表。

项目7　制作标书

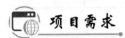

项目需求

小黎所在的公司正在对政府采购的某个项目进行投标，电子版标书由工程部制作完成了，现在要求小黎按照标书的要求对标书进行设计，设计好的标书包括封面和目录。最后交给文印店制作。

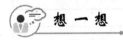

想一想

标书是由发包单位编制或委托设计单位编制，向投标者提供对该工程的主要技术、质量、工期等要求的文件。标书是招标工作时采购当事人都要遵守的具有法律效应且可执行的投标行为标准文件。它的逻辑性要强，不能前后矛盾，模棱两可，用语要精炼、简短。同时，标书也是投标商投标和编制投标书的依据，投标商必须对标书的内容进行实质性的响应，否则会被判定为无效标（按废弃标处理）。标书也是评标最重要的依据。标书一般至少有一个正本，两个或多个副本。

标书按范围分类可以分为国际招标书和国内招标书。国际招标书和投标书按国际惯例分为本国版本和英文版本，以英文版本为准。国内招标书一般是以中文版本为准。而中国国内的企业进行国际招标，一般是以英文（或当地语言）版本投标。招标文件中一般注明当中英文版本产生差异时以中文为准。

标书按具体标的物分类可以分为货物、工程、服务。根据具体标的物的不同还可以进一步细分标书。例如，工程类可进一步分为施工工程、装饰工程、水利工程、道路工程、化学工程等，每一种具体工程的标书内容差异非常大。货物标书也一样，如简单货物（粮食、石油）、复杂货物（机床、计算机网络）等，标书的差异也非常大。

招标书的主要内容可分为3大部分，即程序条款、技术条款、商务条款，其中又主要包含以下9项内容：

1）投标书。

2）开标大会唱标报告格式。

3）招标项目的技术要求及附件。

4）企业法人营业执照复印件。

5）投标企业资格报告。

6）投标设备报告。

7）标设备偏差表。

8）法人代表授权书。

9）履约保证金和保函。

标书的制作流程如图 7-1 所示。

 试一试

了解制作流程后，可以自己上机尝试制作这个标书。在制作过程中，可以参考"知识链接"板块的内容。

 知识链接

一、制作投标书的封面

1. 标书封面制作须注意的问题

标书封面至少要有以下内容：

1）单位的 Logo。

2）投标项目名称。

3）投标单位。

4）投标单位全权代表。

5）投标日期。

6）投标单位公章。

2. 制作标书封面要素

1）标书的封面要精美，因为招标者首先看到的就是封面，所以设计一个精美的封面，可以在众多的标书中脱颖而出。

2）标书封面的设计要独特。

3）标书封面设计要个性化，且整洁、大方。

二、设置投标书的封面

1. 使用样式进行排版

1）确定设置的目录是几级目录，然后再进行样式的设置。选中相应的标题，在"开始"选项中，单击"样式"功能组中的"标题 1"（同一级的标题设置为"标题 1"），如图 7-2 所示。

2）依次选择二级标题，按照上述方法，设置为"标题 2"（同一级的标题设置为"标题 2"）。

3）依次类推，再将下一级标题设置为"标题 3"（方法同上）。

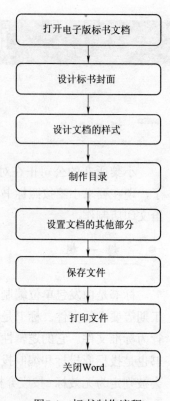

图7-1　标书制作流程

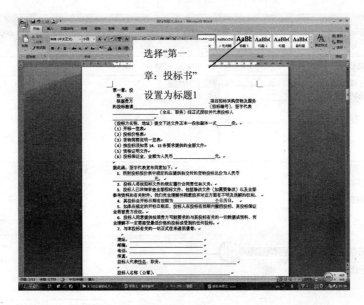

图7-2 设置一级标题为"标题1"样式

2. 使用"插入图表目录"功能设置投标书目录

将鼠标光标移动到文档的首部并单击，再单击"引用"选项卡，在"目录"功能组中单击 按钮，如图 7-3 所示。然后单击选择下拉列表选择"插入目录"命令，弹出"目录"对话框，如图 7-4 所示。在"制表符前导符"中单击 按钮，选择相应的前导符，如图 7-5 所示；在"格式"中单击 按钮，选择相应的格式，如图 7-6 所示。单击"确定"按钮后，生成相应的目录，完成后的效果如图 7-7 所示。

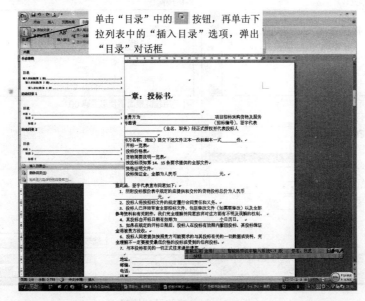

图7-3 选择目录功能

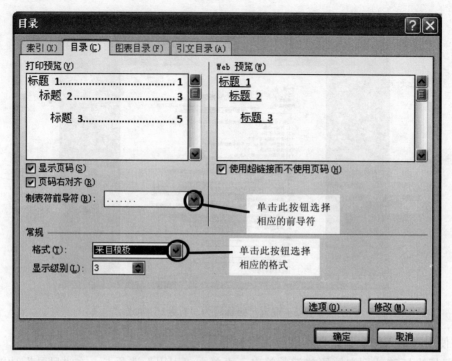

图7-4 "目录"对话框

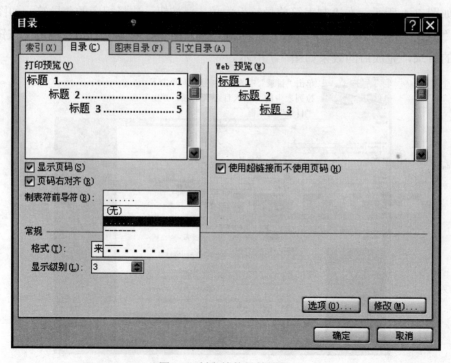

图7-5 制表符前导符选择

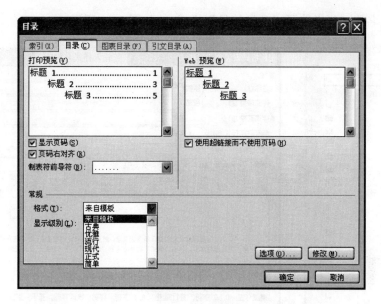

图7-6　格式选择

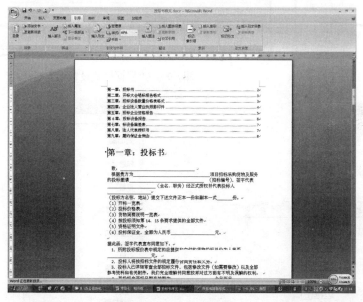

图7-7　完成目录的效果

三、对标书相同格式的文档使用新样式并统一设置

在标书中还有一些文字是需要使用统一格式的，可以先建立新的样式，然后再统一调用。

1）在"开始"选项卡中，单击"样式"功能组右下角的 ▣ 按钮，弹出的下拉菜单如图 7-8 所示。然后单击其中的新建样式图标，弹出"根据格式设置创建新样式"对话框，如图 7-9 所示。在"名称"文本框中输入名称（可以任意定），然后单击"格式"中的 ▬ 按钮，选择相应的字体、段落、编号等进行设置，如图 7-10 所示。完成后在"样式"下拉菜单中会出现新的样式名称（如设置了"项目符号"样式），如图 7-11 所示。

图7-8　"样式"下拉菜单

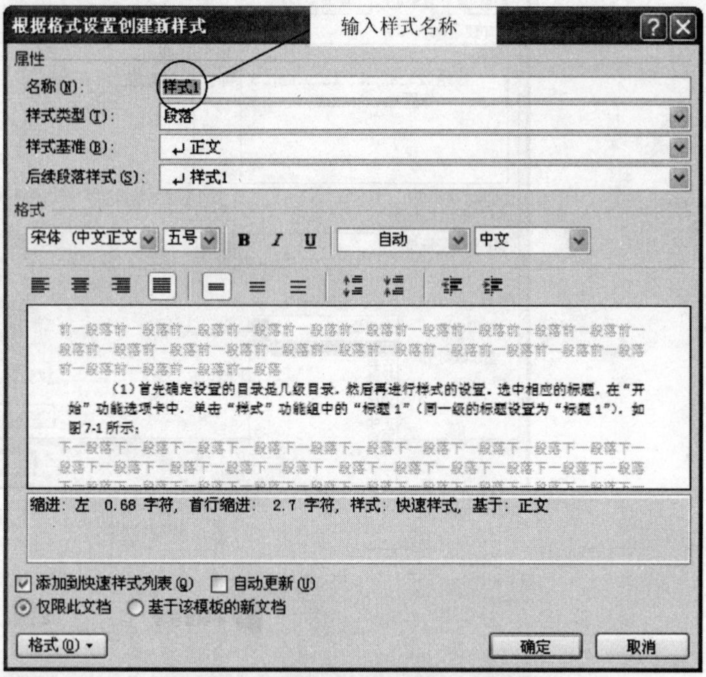

图7-9　"根据格式设置创建新样式"对话框

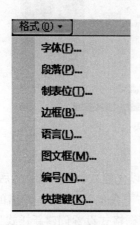

图7-10　"格式"
下拉菜单

图7-11　新建"项目
符号"样式

2）选择要进行设置的段落，单击"样式"下拉菜单中的"项目符号"，则该段落会按照该样式进行设置。

四、修改已有的样式

1）在"开始"选项卡中，单击"样式"功能组右下角的 ▣ 按钮，在弹出的下拉菜单中选择要修改的样式，单击右边的 ⏎ 按钮，出现如图 7-12 所示的下拉菜单，选择"修改"命令，然后单击"格式"中的 ◣ 按钮，选择相应的字体、段落、编号等进行修改。

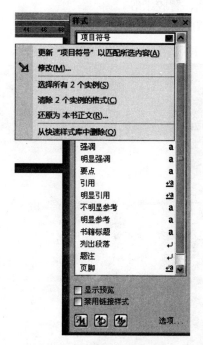

图7-12 修改已有样式

2）选择要进行修改的段落，单击该样式即可完成。

五、删除已有的样式

在"开始"功能选项卡中，单击"样式"功能组右下角的 ▣ 按钮，在弹出的下拉菜单中选择要修改的样式，单击右边的 ⏎ 按钮，出现如图 7-12 所示的下拉式菜单，再选择其中的"快速从样式库中删除"命令，该样式被删除掉。

六、插入和修改批注

有时在文档中有重要的文字需要进行批注，在 Word 中可以进行设置，方法如下：

1）选择要进行批注的文本。

2）选择"审阅"选项卡，在"批注"功能组中单击"批注"中的"新建批注"，弹出如图 7-13 所示的批注

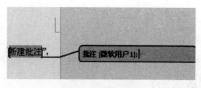

图7-13 批注框

框，在批注框中输入批注内容即可。

七、保存并打印文件

标书的常见装订方式主要有：

平装——胶装、骑马钉装订、夹条装订、拉杆装订、圈装、线装等。

精装——胶装、蝴蝶精装、活页精装、铜钉精装、仿古精装等。

标书装订的常用纸张有：

封面——皮纹纸、铜版纸、背胶纸等。

内页——普通复印纸、铜版纸、双胶纸等。

图 7-14 所示为一个标书样本。

图7-14　某标书样本

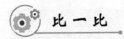 比 一 比

下面对照小黎制作的部分标书样本，如图 7-15~图 7-17 所示，想想还有什么地方是可以改进的？

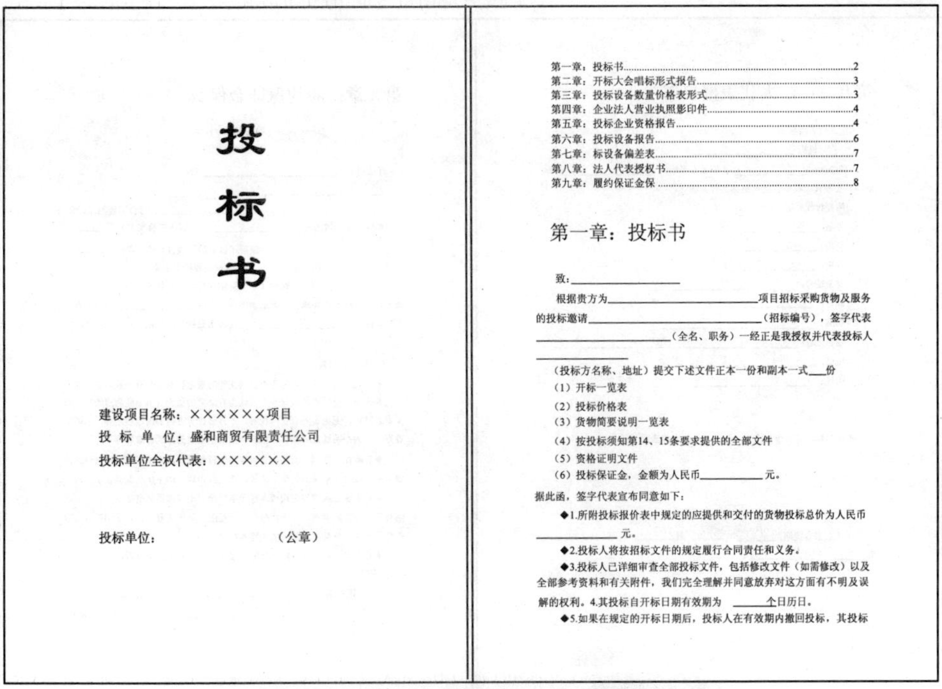

投
标
书

建设项目名称：×××××项目
投 标 单 位：盛和商贸有限责任公司
投标单位全权代表：××××××

投标单位：　　　　　（公章）

第一章：投标书

致：_____

根据贵方为_____项目招标采购货物及服务的投标邀请_____（招标编号），签字代表_____（全名、职务）一经正是我授权并代表投标人_____（投标方名称、地址）提交下述文件正本一份和副本一式___份

（1）开标一览表
（2）投标价格表
（3）货物简要说明一览表
（4）按投标须知第14、15条要求提供的全部文件
（5）资格证明文件
（6）投标保证金，金额为人民币_____元。

据此函，签字代表宣布同意如下：
　◆1.所附投标报价表中规定的应提供和交付的货物投标总价为人民币_____元。
　◆2.投标人将按投标文件的规定履行合同责任和义务。
　◆3.投标人已详细审查全部投标文件，包括修改文件（如需修改）以及全部参考资料和有关附件，我们完全理解并同意放弃对这方面有不明及误解的权利。4.其投标自开标日期有效期为_____个日历日。
　◆5.如果在规定的开标日期后，投标人在有效期内撤回投标，其投标

图7-15　部分标书样文1

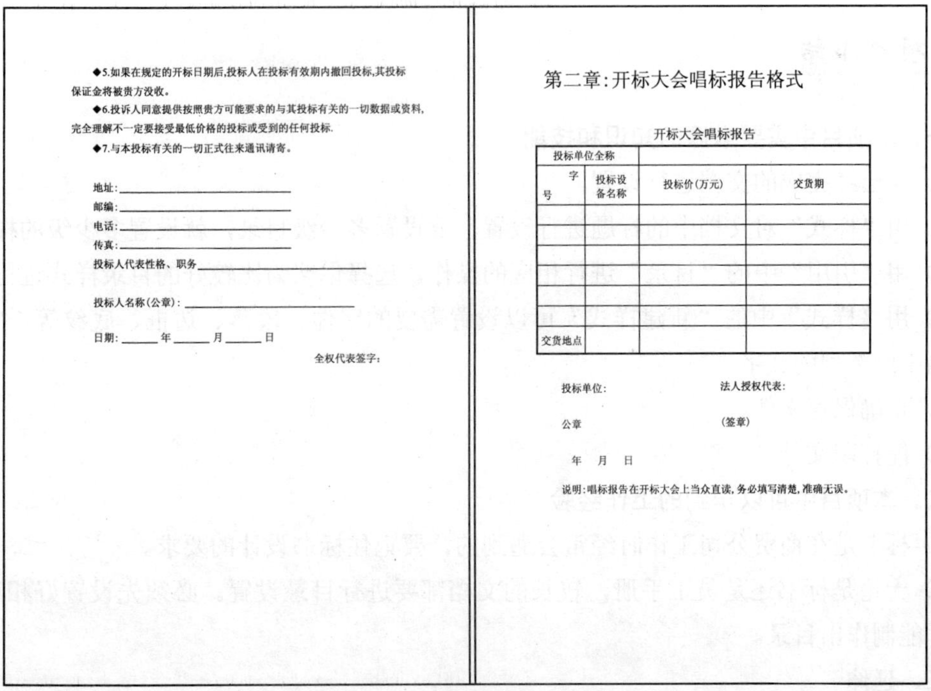

　◆5.如果在规定的开标日期后，投标人在投标有效期内撤回投标，其投标保证金将被贵方没收。
　◆6.投诉人同意提供按照贵方要求的与其投标有关的一切数据或资料，完全理解不一定要接受最低价格的投标或受到的任何投标。
　◆7.与本投标有关的一切正式往来通讯请寄。

地址：_____
邮编：_____
电话：_____
传真：_____
投标人代表性格、职务_____

投标人名称(公章)：_____

日期：____年____月____日

全权代表签字：

第二章:开标大会唱标报告格式

开标大会唱标报告

投标单位全称			
字号	投标设备名称	投标价(万元)	交货期
交货地点			

投标单位：　　　　　法人授权代表：

公章　　　　　　　　（签章）

年　月　日

说明:唱标报告在开标大会上当众直读,务必填写清楚,准确无误。

图7-16　部分标书样文2

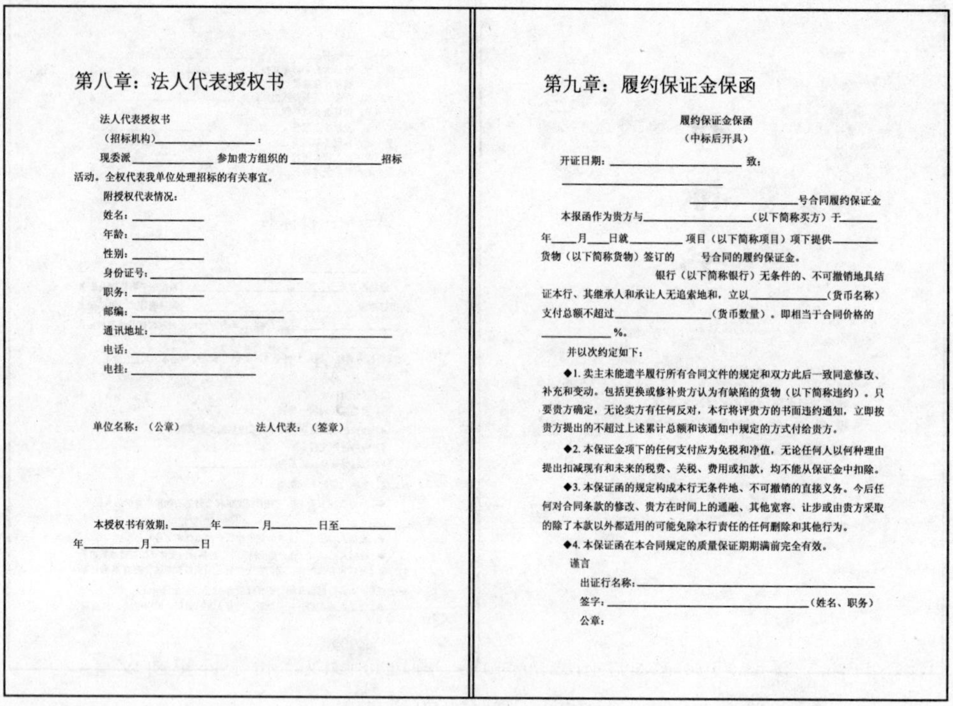

第八章：法人代表授权书

法人代表授权书

（招标机构）__________：

现委派__________参加贵方组织的__________招标活动。全权代表我单位处理招标的有关事宜。

附授权代表情况：

姓名：__________

年龄：__________

性别：__________

身份证号：__________

职务：__________

邮编：__________

通讯地址：__________

电话：__________

电挂：__________

单位名称：（公章）　　　　法人代表：（签章）

本授权书有效期：______年______月______日至______年______月______日

第九章：履约保证金保函

履约保证金保函

（中标后开具）

开证日期：__________致：

____

__________号合同履约保证金

本报函作为贵方与__________（以下简称买方）于______年____月____日就__________项目（以下简称项目）项下提供__________货物（以下简称货物）签订的　　号合同的履约保证金。

银行（以下简称银行）无条件的、不可撤销地具结证本行、其继承人和承让人无追索地和，立以__________（货币名称）支付总额不超过__________（货币数量）。即相当于合同价格的__________%。

并以次约定如下：

◆1. 卖主未能遵半履行所有合同文件的规定和双方此后一致同意修改、补充和变动。包括更换或修补贵方认为有缺陷的货物（以下简称违约）。只要贵方确定，无论卖方有任何反对，本行将评贵方的书面违约通知，立即按贵方提出的不超过上述累计总额和该通知中规定的方式付给贵方。

◆2. 本保证金项下的任何支付应为免税和净值，无论任何人以何种理由提出扣减现有和未来的税费、关税、费用或扣款，均不能从保证金中扣除。

◆3. 本保证函的规定构成本行无条件地、不可撤销的直接义务。今后任何对合同条款的修改、贵方在时间上的通融、其他宽容、让步或由贵方采取的除了本款以外都适用的可能免除本行责任的任何删除和其他行为。

◆4. 本保证函在本合同规定的质量保证期期满前完全有效。

谨言

出证行名称：__________

签字：__________（姓名、职务）

公章：

图7-17　部分标书样文3

项目小结

一、本项目中需要掌握的知识和技能

1）为已经完成的文档进行设置。

2）用“样式”对文档中的标题进行设置，要设置多少级目录，就设置多少级的样式。

3）用“引用”中的“目录”进行相应的操作，选择你认为比较好的目录样式进行设置。

4）用“样式”中的“新建样式”可以设置需要的字体、段落、边框、底纹等，统一设置文档中同类型的文字。

5）正确保存文件。

6）能打印文件。

二、本项目中可以学到的工作经验

1）标书是在商贸公司工作时经常会遇到的，要记住标书设计的要求。

2）无论是标书还是员工手册，较长的文档都要进行目录设置。必须先设置好相应的样式，才能制作出目录。

三、延伸

本项目中只用到了常用样式中的“标题 1”等样式，但 Word 中还有很多其他样式，可以自行试验其他样式，了解其不同之处。

 改 一 改

修改项目成果，将其做得更完美。

 你可能会遇到的困难

一、要创建的是二级以上的主控文档，设置时将样式中的"标题 1"与"标题 2"的设置搞乱了

解决方案：

1）选择设置错的目录，将其删除。

2）选择相应的标题，再重新进行设置。

3）重新生成目录。

二、新建样式时，将字体设置错误

解决方案：

1）在"样式"下拉列表中选择相应的样式，再进行修改，将字体重新设置。

2）设置好后再选择相应的文字，重新调用该样式即可。

 评 一 评

请填写下列评价表中的"自评"部分。

序号	评价内容	自评			组评			师评		
1	了解标书的定义和组成	☺	😐	☹	☺	😐	☹	☺	😐	☹
2	能按照标书封面的要求设置封面	☺	😐	☹	☺	😐	☹	☺	😐	☹
3	制作标书目录	☺	😐	☹	☺	😐	☹	☺	😐	☹
4	了解标书封面与内页纸张的区别	☺	😐	☹	☺	😐	☹	☺	😐	☹

以上 4 项自评中，第 2、3 项达到☺，则本项目可以过关；若第 2、3 项没有很好地完成，则务必将本项目重新做一遍，直至过关为止。

 **练 一 练**

小黎接到领导通知，要将员工行为规范手册文档进行相应的排版，请帮她设置好这份员工行为规范手册。